近世ヨーロッパ軍事史

ルネサンスからナポレオンまで

LA GUERRA IN EUROPA DAL RINASCIMENTO A NAPOLEONE

◎Alessandro Barbero　アレッサンドロ・バルベーロ 著
◎西澤龍生 監訳
◎石黒盛久 訳

論創社

Published by arrangement with Carocci Editore S.p. A., Roma
through Tuttle-Mori Agency, Inc., Tokyo

目次

第1章　中世末期の戦争　3
1―1　序論　4
1―2　武器と戦術　8
1―2―1　武装における騎士のヘゲモニー　8
1―2―2　変革の萌芽　13
1―3　徴兵と組織化　17
1―3―1　臣民の動員から傭兵の雇用へ　17
1―3―2　傭兵体制の限界　23
1―4　戦術　28
1―5　戦争・文化・社会　32
1―6　海上の戦争　35
第2章　イタリア戦争から三〇年戦争へ　39
2―1　最初の軍事革命　40

2—1—1　長槍と火縄銃　40
2—1—2　一七世紀初頭に至る戦術の進化　45
2—1—3　騎兵の役割　51
2—2　兵士の「身分」　54
2—3　募兵と組織　59
2—3—1　起業家と国家　59
2—3—2　国民軍　64
2—3—3　小隊と連隊　67
2—4　戦術　70
2—4—1　数的増大　70
2—4—2　要塞と包囲　75
2—5　海戦　84
2—5—1　地中海　84
2—5—2　大洋　86
第3章　アンシャン・レジーム期の戦争　93
3—1　序論　94

3―2　第二次軍事革命　98
3―2―1　恒常的軍事行政の創出　98
3―2―2　連隊の誕生　100
3―2―3　軍隊の標準化　106
3―3　紳士たちと《大地の屑》　110
3―4　第二次軍事革命の戦術的諸側面　116
3―4―1　線形戦術　116
3―4―2　訓練　120
3―4―3　騎兵隊と砲兵隊　123
3―5　戦略と補給　128
3―6　海戦　136
第4章　フランス革命期とナポレオン時代の戦争　143
4―1　序論　144
4―2　徴兵　146
4―2―1　義務徴兵制　146
4―2―2　費用　151

4—3　戦術的革新　153
4—3—1　軽歩兵　153
4—3—2　横隊・縦隊・方隊　156
4—3—3　会戦の新しい概念　159
4—3—4　大砲の使用　162
4—4　戦略　165
4—4—1　軍の内部区分　165
4—4—2　移動　169
4—4—3　包囲戦の黄昏　172
4—5　海戦　174
4—6　結論　176
訳者あとがき　180
訳註　216
参考文献　219
年表　225
索引　229

近世ヨーロッパ軍事史

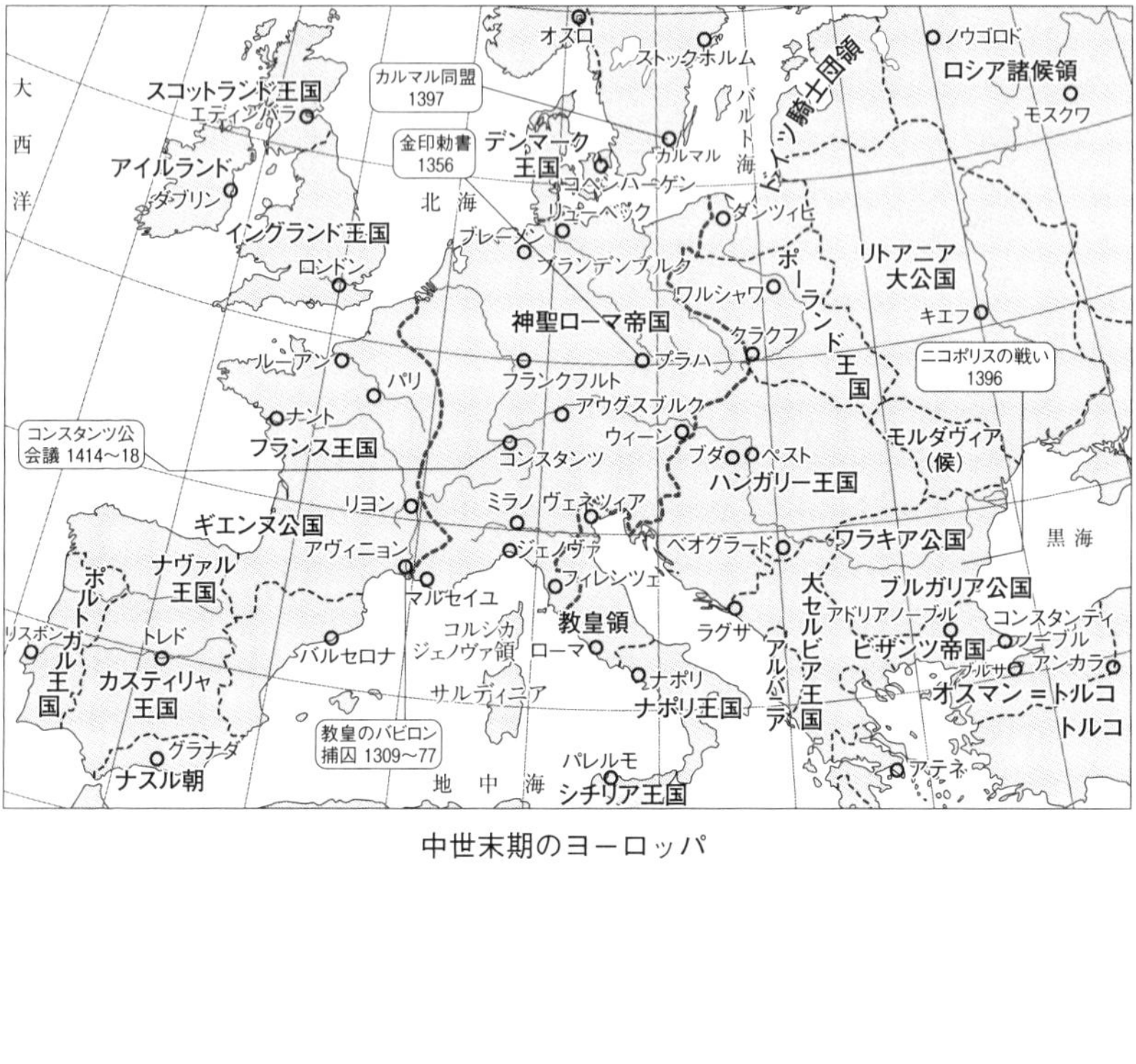
大西洋
スコットランド王国
エディンバラ
アイルランド
ダブリン
イングランド王国
ロンドン
カルマル同盟
1397
金印勅書
1356
北海
デンマーク王国
コペンハーゲン
リューベック
ブレーメン
ブランデンブルク
オスロ
ストックホルム
カルマル
バルト海
ドイツ騎士団領
ダンツィヒ
ノウゴロド
ロシア諸侯領
モスクワ
リトアニア大公国
キエフ
ポーランド王国
ワルシャワ
クラクフ
神聖ローマ帝国
プラハ
フランクフルト
アウグスブルク
ウィーン
コンスタンツ
ルーアン
パリ
ナント
フランス王国
コンスタンツ公会議 1414～18
ニコポリスの戦い
1396
モルダヴィア
(候)
ブダ
ペスト
ハンガリー王国
リヨン
ミラノ
ヴェネツィア
ギエンヌ公国
アヴィニョン
ジェノヴァ
フィレンツェ
マルセイユ
ベオグラード
ワラキア公国
黒海
ブルガリア公国
ナヴァル王国
ポルトガル王国
リスボン
トレド
カスティリャ王国
バルセロナ
コルシカ
ジェノヴァ領
教皇領
ローマ
ナポリ
ナポリ王国
サルディニア
ラグザ
大セルビア王国
アルバニア
アドリアノープル
ビザンツ帝国
コンスタンティノープル
ブルサ
アンカラ
オスマン＝トルコ
トルコ
教皇のバビロン捕囚 1309～77
グラナダ
ナスル朝
パレルモ
地中海
シチリア王国
アテネ

中世末期のヨーロッパ

第1章　中世末期の戦争

1―1　序論

中世末期に戦争がどのように行われていたかを明らかにすることから、この探求を始めよう。イタリアにおける傭兵隊の全盛期はちょうど、フランスで百年戦争（一三三七―一四五五）が繰り広げられた時代でもある。もし我々がこの時代をその探求の出発点として選ぶとしてもそれは、時代区分の因習に従おうとするためではない。最近の歴史家たちは中世という概念が、ある種の虚構に過ぎないことなどとっくに心得ている。それが虚構だというのは、中世という概念がきわめて長期間にわたっており、その間にもさまざまな変化があったからだ。戦争遂行の形態についても同じことが言えよう。いま我々が対象としている中世末期の戦争の様相は、カール大帝時代のそれとも封建制最盛期のそれとも、ほとんど似通ってはいない。だから一四世紀半ば過ぎから一五世紀半ばまでのこの時代について、「中世末期」という名称を与えたのは、単に便宜上の理由に過ぎない。それゆえこの時点からその探求を始めるとすれば、それがまさにこの時代に固有のある特徴を呈しているからだ。そしてこれ以降、ルネサンス期からナポレオンの登場に至る軍事上の継続的変革を把握しようとするにあたり、中世末期の戦争を理解することは避けて通れないことなのである。

では一四世紀から一五世紀にかけてのヨーロッパにおいて、戦争様式は何により特徴づけられたのだろう。それは何よりもまず、戦争が国家の専管事項になったという点に他ならない。しかもこうした事態はこの時代以降、つい先頃まで続いていたのである。だが盛期中世、つまり紀元一〇〇〇年前後には状況は全く異なる。この時代の戦争は軍事貴族、すなわち田畑を支配する封建領主が行うものであった。彼らは相互間の紛争に決着をつけるべく、自身の騎士団を率いて戦い合うことを辞さなかった。これは小規模の戦闘で、数百の人間が純然たる地域的範囲の内部において、ほんのわずか数日だけ繰り広げるものに過ぎなかった。彼らは己が所領を押し広げるべく、水車小屋ひとつや砦ひとつを獲得することを目指して戦ったのだ。そんな小競り合いが、ヨーロッパのあちこちで生じていた。それはもはや日常生活のようでさえあった。もちろんこの盛期中世においても国王は、他国の王に対抗すべくより広範囲を対象に軍勢を召集し得た。だがこのような場合ですら問題となるのは、千名そこそこの軍勢による、短期間に限定された地域的作戦行動に過ぎない。

一四世紀から一五世紀にかけて事態は一変した。なぜか。それはこの時期に国王たちが、これまでに比べ複雑な行政組織の頂点に立つに至ったことによる。彼らは莫大な財源を思いのままにした。よりいっそう強力な軍勢を戦場に送り込めたし、よりいっそう長期間にわたり作戦を展開することもできた。一方、地方貴族たちはといえば、その独立性が日ごとに抑制されるのを、目の当たりにせざるを得なくなりつつあった。そして近隣との戦争は私的紛争の解決手段としては、あまり通用しない選択肢と目されるようになってゆく。私はいまここで国王たちと、まるでそれが自明のことであるかのように語ってしまった。当時はヨーロッパにおいて、大半の人間が国王のもとに置かれていたからである。だが、行政組織が都市国家の自治政府を核に形成された北・中部イタリアにおいても、同じ論法が通用する。*1この地域においては領域の統御や住民の支配、そして権力の使用の独占につき、都市が優位を占めていたのだ。*2そこで我々はこの概観を通じて、アルプス以北（及びイタリア南部）の諸君主国の体制と北・中部イタリアのコムーネ体制の間の相違よりも、むしろお互いの間に存在する共通点を強調することに努めよう。ヴィスコンティ家の、*3続いてスフォルツァ家*4の支配下におかれたミラノのように、この時代に多くの都市の支配権が僭主の権威のもとに落ちている。それゆえこうした共通点に、いっそうの力点を加えることが許されよう。北イタリア諸都市の僭主は君公に、つまりは小さな国王に変容しつつあったのだから*5。

ヨーロッパの歴史において戦争はここまでの長い間、いろいろな身分階層の者たちにより、地方を舞台に私的行為として繰り広げられてきた。だが我々が探求の出発点とするこの時代、戦争は、国家による独占的公共事業へと変貌し始めた。国家の強大化と戦術の変化は、一三－一四世紀を通じて相関的に展開する。一方がなければ他方も生じなかった、とすら言えよう。社会に対しさらなる課税を付加することにより、国家は以前とは比べ物にならぬほど、資源を収奪することができるようになった。他方で行政の努力はますます複雑の度合いを増したが、その主役を引き受けたのは国家官僚制の発達である。この両者の合流は、政府が戦争をより効率的に行い得る環境の創出を目指していた。

だが次のようなことも付け加えられなければなるまい。すなわち、強力な手段をそこに注ぎ込むことができるようになったまさにそのために、当代の諸政府は戦争を、以前よりも安易に行いはじめるようになる。未だ諸侯の暴力が随所に猖獗をきわめていた封建時代、稀にとはいえ諸王は一騎打ちの決闘に打って出た。それは半ば宗教的な側面をともなっており、彼らはあたかも自らを、神の審判のもとにおこうとするもののごとくであった。しかし一三—一四 世紀ともなると、国王たちが彼らの軍の陣頭に立つことが稀有となる傍ら、戦争自体はほとんど絶える間もないありさまとなる。

この時代の歴史は広範囲でかつ長い、いや時には長すぎる紛争により寧日もなくなっていた。フランスの百年戦争、イギリスの薔薇戦争、イタリアにおけるミラノ公国・ヴェネツィア共和国・フィレンツェ共和国・教会国家の間の戦争、地中海でのアンジュー家とアラゴン家の戦い*6、フランス及びフランドルにおけるブルゴーニュ諸公の征服戦争*7、またスコットランドに対するイギリス諸王のそれ*8、スペインでの諸王朝間の戦争とムスリムたちに対する再征服（レコンキスタ）活動、ボヘミアのフス派信徒の戦争*9、ポーランド・ロシア・リトアニアに対しチュートン騎士団*10が行った戦争、バルカン半島へのオスマン朝トルコの侵攻*11——これらは単に、ヨーロッパの大半を荒廃させた紛争のうちの主要なものと言うに止まる。たかだか百年ばかりの間に生じたこれらの戦争は、歴史家たちにこの時代が重大極まる危機の時代、ほとんどひとつの文明の没落の時代であるとの印象をかき立てた。だがそれは、当時起こっていたことの一面でしかない。そのことに対して最近ようやく、子細な検討が加えられるようになったのも当然であろう。二〇世紀に生きる人は自分たちの生きるこの時代が、残虐な戦争により刻印される一方、技術的進歩と福祉の増進によっても特徴づけられていることを、よくわきまえている。時代の同じような診断は同様に、一四―一五世紀に対してもこれを当てはめることができるに違いない。

1―2　武器と戦術

1―2―1　武装における騎士のヘゲモニー

どの時代のどの様態を取り上げようとも、戦争の本質は戦闘自体にある。戦略も徴兵も軍組織も、要は我々がそれに取り組もうとする戦闘の種類にかかっている。そして我々の分析はまさにこの、一四―一五世紀のヨーロッパ固有の武装と戦闘法の解明から着手されねばならない。この当時、ある政府にとって軍を戦場に投入することは、長槍と剣を備えた重武装の騎士を募るということと同義であった(図1)。彼らに歩兵や騎乗の石弩兵ないしは長弓兵といった(図2)、他の兵種の戦闘員が付随したことは言うまでもない。だが何と言っても以下に検討するように、まさに騎士こそが、多彩な特性を有する戦闘員たちが集約される一軍の精華だと、従前にも増して謳われるようになっていた。つまり騎兵隊こ

図1　重装騎士の突撃

図2　石弩兵（左）と長弓兵（右）

そは、いずれの軍隊においても決定的要素を占めたわけである。一四四八年の日付のあるリボルテッラの論考は、ミラノ攻略のためにヴェネツィアがフランチェスコ・スフォルツァに対し、四千の騎兵と二千の歩兵を即座に、さらに二千の騎兵を一ヶ月以内に提供したと断言する。この時代の軍隊構成をめぐるこのような証言を得るたびに我々は、騎兵が歩兵に比し多数であるか、少なくとも同数を数えたことを目にするだろう。

騎兵の優越という、この時代的特色に着目することが肝要だろう。それはイタリアの傭兵隊長たちの合戦でも、あるいは百年戦争の合戦でも、一四世紀末に至るまで継続される側面に他ならない。軍事史の叙述は馬から下乗し徒歩立ちとなった兵士が、騎兵部隊に対し勝利した諸合戦の重要性を、しばしば過度に強調してきてしまった。[*12] あたかもそれが中世騎士隊の終焉を示すものでもあるかのようにだ。この徒歩武者の馬乗りに対する優越の証明という役割が、フランス王麾下の騎兵隊に対するフランドル市民によるクールトレーでの勝利（一三〇二）や、[*13]

英仏百年戦争中のクレシーの戦い（一三四六）[14]、ポワティエの戦い（一三五六）[15]、アザンクールの戦い（一四一五）[16]に割り当てられた。後の三つの戦いでのイギリス軍の主な勝因が、従来よりその長弓兵の働きに帰されてきたことは、いまさら言うまでもないことだろう。だがたとえかかる勝利が当時大評判を呼んだとしても、実はこれ

図3　15世紀の甲冑

らは孤立したエピソードでしかない。これらの戦いでの騎兵隊の敗北は、その没落を決定づけたというより、むしろその技術や戦術の進化の刺激となったのである。

ここに語られる技術的進歩は何よりもまず、防具という点に関わる。一五世紀は鉄板による甲冑が、最終的完成を見た時代であった（図3）。洗練された技術により作成されたこのような甲冑は、ミラノとドイツの職人はその卓越した技を示している。今日多くの博物館や武器庫で我々が目にする大量の甲冑は、まさにこのような鉄板作りの甲冑に他ならない。ただしこのように保存された甲冑の大半は一四五〇年以後の、しばしば一六―一七世紀のものでしかないことを忘れてはならないだろう。戦士の身体を全面的に蔽うことができるよう、甲冑は多くの部分に分割されたが（そこには蝶番の部分も含まれ

ていた）、鋳造技術の発達のおかげで同時にずっと軽量なものともなっている。騎乗にクレーンを必要とするほど重たい甲冑を身に纏う騎士という民衆的イメージは、馬上槍試合用の甲冑については嘘ではない。それは確かに特別なやり方で装甲されていた。だがこれは実戦用の甲冑とは、構造的に全く異なるものだ。他方で実戦用の甲冑が身体にかける負荷は四〇キロ程度であった。この四〇キロという重量は、もちろん相当のものには違いない。だがそれとて高度技術時代たる現代の海兵隊員の、完全装備の重量を上回るものではない。他方騎兵隊の戦術的進化に関して言えば、それは一〈騎〉（lancia）という単位の誕生へと帰結する。重装備に身を固めた〈重装騎兵〉（uomo d'arme）と称される騎士が先頭に立ち、またこれを支援する一定数の兵士を包摂した一隊伍がこう呼ばれた。一〈騎〉の構成には国ごとに多少の差異がある。だが一五世紀においては、それを強化することが全般的傾向となった。この世紀の半ば頃、一〈騎〉は三人の騎乗者を含んでいた。すなわち一人の〈重装騎兵〉と補助兵的機能を果たすその従者、そしていま一人の従者ないしは小姓である。最初の者は完全武装を施され軍馬に騎乗していた。第二の者はそれより軽装備で、状況に応じ軍馬に騎乗したが駄馬を乗料とすることもあった。だが第三の者は、もっと廉価な生き物［驢馬や騾馬］をその乗料とするのが常であった。後になると一〈騎〉は、六、七人の兵士により構成されることになろう。すなわち一人の重装騎兵とその二、三名の従者、そしてとりわけイタリアでは、これに加えて一両名の長弓兵ないしは石弩兵である。彼らも馬に乗って移動したが、その一方で戦闘のためには、馬から飛び降りることもあった。

一〈騎〉の構成は一五世紀の軍隊における編成の標準となる。反面それは同時に行政的機能を担ってもいた。というのは次の段落でさらに検討されるように、その給与が〈騎〉という単位に応じて支払われたためだ。平たく言えば各〈騎〉の構成員たちは、〈騎〉の陣頭に立つ重装騎兵の配下ないしは共同経営者であった。また〈騎〉の出現はその起源から勘案するに、純然たる戦術的要請にも基づく。当時の軍の中核をなす重装騎兵は、その強大な衝突力を以て戦場で真価を発揮する。かかる効果の発揮のため彼は、軽量の防具や備品を帯びる軽騎兵や長弓兵に支援されねばならないと考えられていた。重装騎兵を核に軽騎兵や弓兵がこれを支援する〈騎〉とは、こうした要請から創出された単位に他ならなかった。だが〈騎〉の出現の要因はそれに止まらない。以前の騎馬隊が達成し得なかった戦術的柔軟性の実現を、それは企図するものでもあった。補助兵に随伴され、また換え馬の準備万端を整え、その上技術的に進歩した甲冑に保護された一五世紀の騎士は、かつて以上に戦場の華と目されるようになる。

だからと言ってそれは、歩兵が当時存在しなかったことを示唆するものではない。戦時に際して重装騎兵に委ね得ない、少なくとも彼らのみには委ね得ない数多くの任務があった。それは陣地の構築と防御から城郭や城塞都市の守備業務まで、多岐にわたっている。戦争が野戦のみには止まらぬ以上、一定数の徒歩立ちの戦闘員がいたことに疑う余地はない。騎兵に比べて歩兵が大変安上がりであることを考慮すれば、それはなおさらのことだ。したがって相応の歩兵を徴集しないなど、当時の軍人に言わせれば、実に馬鹿げたことでしかない。当時の歩兵隊は一般的に言って、一部は長弓兵や石弩兵によって、一部は長槍兵によって、さらに一部は単に木製盾を所持する大盾兵によって構成されていた。こうした木製大盾は地面に突き立てられ、ある地点を拠点化するのに用いられた。ともあれ歩兵はある地点を占拠したり、騎兵隊の支援を強化する役割を担った。だが彼らは当時の野戦においては、結局のところ二次的な機能を受け持ったに過ぎない。このことは重騎兵に対する戦場での支援が歩兵よりはむしろ、一〈騎〉を構成する［騎乗の従者のごとき］歩兵以外の兵種により担われていたからにはなおさらである。当時の軍の構成は各指揮官が、最小限不可欠の歩兵のみを確保することにその頭をひねり、それ以上の歩兵の確保には心を少しも労さなかったことを如実に示している。それどころか一四世紀半ばから一五世紀半ばにかけてのこの時期、野戦軍における歩兵の割合は前代に比し、すっかり減少していたのである。*[17] 事を別の側面から見れば技術的・組織的改良の努力は、交戦においてその優越をいやが上にも打ち固めるべく、何にも増して騎兵隊へと傾注されていた。

1—2—2　変革の萌芽

しかしこの時代の末期には、正真正銘の軍事的革命のある徴候が、すでに兆しはじめている。一五世紀の半ば頃、スイスの山岳民が新たな戦闘法を創出したことが、広く世に喧伝されはじめたのだ。*[18] 集団戦闘訓練に馴染んだ多数のスイス男児が、戦役に召集されるようになっていく。彼らは敵騎兵隊に対処するための長槍兵、接近戦闘のための矛槍兵、そして石弩やカルバン砲と称される原初的火器を備えた兵士若干名により構成されていた。これらのスイス歩兵は何者をも恐れなかった。彼らの奮戦ぶりを実見した者ことごとくが、その戦法の効果の絶大さに深い感銘を受けたほどだ。各国政府は傭兵として彼らの奉仕を確保すべく、多大の支出を担う覚悟を固めるようになる。その結果、スイス人を味方につけた者こそが己の敵に対し、彼らの技術的優位の余得に与ることができるのだという考えが、遍く普及するに至る。

事実この頃、勝利の秘訣は多彩な兵種の効果的な組み合わせにあると、万人が実感しはじめていた。その点でスイス人により試みられた長槍と火器の統合は、戦争の未来を先取りするものだったことは間違いない。それはその効果において、一〈騎〉の概念の基本となる重騎兵と軽騎兵そして長弓兵の間の組み合わせを、はるかに超えるものであったと言えよう。しかし一五世紀後半まではその名声にもかかわらず、戦場におけるスイス兵の登場は依然として稀有であった。また彼らの戦法も、彼らの重要性を不動のものとするには、未だ実験的段階に止まっていた。ともあれ次章に取り上げるような、一五世紀から一六世紀にかけての戦闘法を変革した軍事技術の革命の端緒は、これを何にもましてスイス人に帰さねばならない。だがそれまで戦争の大半は、彼らを欠いたまま、依然その影響を被らないやり方で戦われていた。

火器に関して言えば、戦場におけるその役割はなおわずかなものにとどまる。一四―一五世紀のヨーロッパは確かにこの側面において、新たな技術を獲得した文明の姿を世に示した地域に他ならない。だがそのヨーロッパですら現実には、かかる新技術を効果的に活用する上で不可避の道のりの、スタートラインにようやく立ったばかりであった(同じ判断はこれを、印刷技術に関しても及ぼすことが可能だ)。あらゆる政府が火器の実験を推進し、この方面に長期にわたり投資を行う腹づもりを固めていた。だがその結果を確認することは、我々にはほとんどできない。確かにこの頃ミラノのスフォルツア家は、スコピエット銃隊を編成したり、[*19] 石弩兵[*20]にカルバリン砲や火縄銃を随伴させたりした。[*21] にもかかわらず携帯用の火器を戦闘に活用しようとする試みは、依然孤立した事例にとどまり、野戦の行方を左右するには程遠いものであった。またカノン砲の使用も、[*22] 知られていない訳ではなかったらしい。けれども当時の砲兵隊の移動の困難さやその射程の短さ、射速の遅さなどを考えてもみるがよい。恐らく心理的観点を除き、それが戦場で主要な役割を占めることなど、考えもできなかったはずだ。

図4　ルネサンス期の大砲

これに比べ包囲戦における砲兵隊の活用は、それなりに見込みのあるものであった。当時の初歩的カノン砲はと言えば、荷車による運搬を余儀なくされ、発射のため砲架に乗せられる要のある、

図５　カタパルト

単なる鉄筒でしかない（図４）。だがとにもかくにもそれは、投石機やカタパルトのごとき伝統的兵器（図５）と比べれば効果的な兵器と言えた。[*23] 一五世紀の半ばには、カノン砲の優越性がこのように広く認められるようになった。その結果として包囲技術と築城術は、大きな変化を蒙るようになる（だがこうした展開はむしろ次章に取り上げられるべき論題であろう）。同時にこのような新技術の出現こそが、大口径の火器の制作に多額の資金を投下し得る富裕な政府を、その対抗者に対して一段と有利な立場に立たせることが、次第に明白になっていく。一四五三年のコンスタンティノープル包囲にあたり、トルコのメフメト二世が鋳造させた大口径の大砲[*24]などが、その好例となるだろう。かかる意味において火器の発展は、国家が、とりわけより強大な国家が、次第に戦争を独占する趨勢に役立つものとなった。こうした傾向こそ、この時代の奥底に流れる特色のひとつに他ならない。

1—3　徴兵と組織化

1—3—1　臣民の動員から傭兵の雇用へ

軍隊の活動は戦闘にとどまらない。歴史家の目から見れば戦闘などむしろ、軍隊の活動の感興に乏しい側面でしかない。ミヒャエル・マレが語るように「彼らを動員し、彼らを維持し、彼らに給与を授け、彼らに訓練をほどこし、彼らを統制し、最後に彼らを除隊することが必要」なのだ。だから当時の各国政府がその武装戦力をどのように召集し、どのように組織化したかを検討することが肝要となる。ざっくり言えば住民の応召は中世では、軍隊編成の常道であった。こうした住民の応召から、その大半がプロたる志願兵たちの召集へという変化は、この時代にはまだ緒についたばかりなのだ。この後こうした志願兵たちは、給与を支払われる存在へと変貌してゆく。ヨーロッパ各国政府は、その強化により自由にできるようになった行財政的手段を活用し、彼らを徴用するようになる。

その先祖たちと同様一四―一五世紀の王侯たちが（もっともこの議論は同じく市民的政府にとっても通用するが）臣民たちに対し、国防のため武具を手に馳せ参ずるよう要求するのは、実際当然の権利であった。それは一般に信じられているような封建法の定めに基づく、封臣としての貴族だけに課せられた義務ではない。それはむしろ君主の臣民たる郷村の住人男子全員の、共通の責務であった。貴族と臣民一般の間の相違は、単に次の点にのみに見出される。すなわち王の封臣として封土に城館や土地をもつ貴族は個別に召集され、少なくとも騎馬武装の上、王の膝下に参上せねばならならない。加えて彼らは役務を四〇日に制限されていたにもせよ、必要時には国王の対外戦争に加勢することをも求められることになる。その一方で一般庶民は、所属する共同体経由で兵役に召し出された。この場合には共同体のそれぞれが、要請された兵役を充当すべく一定数の人員を拠出し、共同体自身の支払いでこの人員を武装することが求められた。ただし彼らの参戦は攻撃戦ではなく、ひとえに防衛戦に限定されている。彼らは騎乗することなく専ら徒歩で戦う。政府の側から彼らに要求することは、最低限の武具で身を固めることにとどまった。

さて先立つ数世紀を通じて完成されたこの体系は一四世紀初頭になると、時代の変化にもはや適応できなくなりはじめていた。従軍登録者に関する不断に更新される徴用録を保持し続けるには、当時の官僚機構の確立は不十分だった。それゆえ軍役を忌避することは容易であり、徴用された部隊における徴用兵の頭数は、当初の見込みを常に下回ってしまう。この時代の君主権は郷村との間に交わされる、種々雑多な階層間での果てること無き交渉の上に成り立っていた。つまり当時の君主権は、数えきれないほどの奉仕の免除と制限の要請をともなう、契約的性質を有するものであった。加えて従軍義務者が自身の義務を金銭により代替する権利が、長年にわたり認められてもいる。当局の側もかかる兵役の代替免除を種に、その必要とする金子を調達していた。かくして封臣や共同体の召集は、あたかも課税そのものを目当てとして、兵員ではなく実は金銭を捻出する明白な意図の下に布告されよう。このようにして調達された金子は、政府が他の実際の従軍者に対し支払いを履行するためにも役立てられる。それというのも当時すでに封臣の場合ですら、従軍にかかわる経費の代償ないしは給料の支払いなくしては、騎士たる者を戦場に駆り出すことなど王侯にとっても不可能だったからだ。元来封臣に義務づけられた、四〇日の義務的従軍期間内においてすらそうであったのである。

当時の政治的諸権力は確かに、大規模な戦役を企図しまた編成し得る段階に達しつつあった。だがこうした権力がそれを長期にわたり維持し続けるには、当時の軍事システムが未だ不十分であったことは間違いない。諸政府にとり喫緊の課題は、かかる大規模な戦役の維持に有用な軍隊を召集すべく、いまひとつの新たな軍事システムを構築することであった。中世末期の封建軍の兵士たちは、封建法の下で已れに課せられた義務が満了するや否や、それっとばかりに自身の故郷に舞い戻ってしまう手合いに過ぎなかった。もちろん封建的ないしは共同体的義務に基づく軍役は、一六世紀いや一七世紀に至ってすら公式には未だ撤廃されるには至らない。どの国も切羽詰まった折には、それに頼ることがままあった。だがこれに代わり希求された新しい軍事システムの眼目は、かかる軍の離散の危険を回避し、彼らを戦場にとどまらせる点に据えられた。契約型の動員関係こそが、その解決策となる。つまり各政府は作戦の開始にあたり戦闘員を、綿密な条件に基づく契約を締結した上で採用する。かかる契約に際しては、主君と臣下の法的義務関係には全く言及がなされず、専ら雇用者と被雇用者の間に合意された給与条件のみが言及された。以上の理路を経て金銭は、今や戦争の肝心要となる。国家の強化がなぜ租税の進化と相関関係にあったかは、このことから理解されよう。その主眼はまさに、戦場における戦闘力の維持に置かれていたのだ。

戦闘員の採用は起業家の仲介を通じて可能となる。重

図6　14世紀の傭兵隊長

騎兵隊や歩兵隊を彼は私的に徴募すると共に、その貸し出しにつき政府と条件交渉（これをイタリアでは〈傭兵契約〉（condotta）と称した）して合意に至る。戦闘員の数と兵種、武器や軍馬の質、給与額と支払期限、身代金や略奪品の分配の方式、勤務の継続期間が、傭兵契約を通じ定められた。だがここで時代錯誤に陥らぬよう注意したい。我々がそう呼ぶところの起業家、すなわち隊長——ないしイタリアにおける〈傭兵隊長〉（condottieri）——と呼ばれる存在は、その配下と同様に軍事貴族階級に帰属する存在なのだ。この者たちはその配下を、彼ら自身の人脈やその名声を通じてかき集める。そのうえ彼らは契約条件の遂行のみならず、その部隊の戦場における指揮をも受けもった（図6）。

ヨーロッパの諸君主国にあっては、重騎兵の大半と同じく隊長たちも国王の臣下であった。それゆえ彼らを傭兵と定義するのは正しくはない。そして給与に基づき徴募された軍隊は、それでもなお民族的な含蓄を保ってもいた。だがその一方でイタリアにおいて彼らは、まさに傭兵本来の性格を、一段と備えるようになる段階に到達している。そのような事態がなぜ生じたかと言えば、ひとつにはそこに民族的性格の君主国が存在せず、あらゆる規模の互いに抗争し合う国家や国家もどきの群れが存在するばかりだったからだ。またひとつには、商業・金融の中心地たるヴェネツィアやフィレンツェのごときイタリア列国の経済的潜在力が、その人口的潜在力をはるかに上回っていたからでもある。そのためこれらの国家の軍隊は国土の規模との均衡を失したものたらざるを得ず、結果としてその大部分を、外国人により構成することを余儀なくされたのであった。

イタリアのそのような地域において傭兵制というこの制度は、住民たちに個人的負担を強いることなく強力な軍事力を駆使することを可能にする。フィレンツェがその好例を示している。そこでは封建領主層が根絶されてしまった一方、[25] 市民的寡頭支配層は商業に熱中し、軍事活動に対する関心を閑却しはじめていた。[26] それればかりではない。フィレンツェ周辺地域では政治的要因により、農民を武装することが忌避されてもいた。とは言えイタリアの知識人たちは、こうした制度の負の側面にほどなく懸念を抱きはじめるようになる。そのことは次に確認する通りである。傭兵制度は国の安泰を外国人傭兵隊長の手に委ね、イタリアの自負する武勇を衰弱させる危険を招くものとみなされる。[27] にもかかわらず一五世紀末に至るまで傭兵制が、軍事問題についてのより効率的な解決策だと、イタリアの万人から目されていたのも確かなのだ。

個々の軍事作戦はそれゆえ、あらゆる身分の兵士たちが関わる数知れぬ交渉を通じ編成されていく。参戦する意向のある重騎兵は、彼らとの間に私的な同意を取り付けることにより、己が〈騎〉を編成するため必要な従者や弓手を獲得する。続いて彼は兵士を徴募中の著名な隊長の陣営へと見参し、配下全員を代行して傭兵隊への入隊交渉を開始することとなろう。こうした交渉により十分な兵員が集まったと見るや隊長は、予め決められた期日に、兵員と武器そして軍馬の査閲を担当する政府軍監の面前に出頭したのであった。傭兵制度がその機能を発揮するための根底をなす、兵士徴募上のこの段階は〈閲兵〉（mostra）と称されてきた。傭兵隊が「閲兵に合格」するにあたり政府軍監は、その組織編成が契約上の義務に適っていることを宣言した。それはもちろんなにがしかの袖の下を、この政府軍監自身が着服した上でのことではあるが。かくして隊長はその給金に対する一定の前払い金を、国家の会計局から受領する権利を獲得する。これは通常約一ヶ月分であるが、兵士たちにも再分配される。もちろんこの場合に受領金の一部が、隊長により中抜きされてしまうことも少なくなかったことは無論だ。この時点で任務の担当を公認された傭兵隊は、国家の軍事作戦の一翼を担う立場を獲得したと言えよう。とはいえ傭兵隊はこの後も、定期的閲兵を受けなければならない。それは戦時につきものの戦没や傷病、脱走に対し、隊長が新たな補充により組織の維持に努力していたか、軍馬が適切な馬匹であり駄馬ではないか、武具があまりに古びて錆び付いていないかどうかを検分するために他ならない。

1—3—2　傭兵体制の限界

このシステムにはいくつかの限界が存在した。それはひとつにはまず、傭兵隊を戦場に送り込むにあたっての緩慢さである。これに加えいまひとつの欠陥も見逃せまい。すなわち、ある特定の軍事目的のために徴募された傭兵隊が、戦争終結により解散されることにより、無頼を気取り秩序を欠落させた荒くれ共が巷に溢れ出てくることだ。だがそれに劣らず深刻な問題は、政府がもはやそれを必要としなくなり、解雇することを決意するや否や傭兵隊が、自身の解散を拒絶する危険性に窺われる。それも田園の略奪で自身の生活を維持することを、見越した上でのことだ。このように傭兵たちは、平時における自身の生存の負担を、農民の上に押し付けていく。同様の事態はすでに百年戦争の過程でも、しばしば生じていた。

他の土地にも増してイタリアの傭兵隊は、戦争以外に他の生活手段をもたない連中により成り立っていた。傭兵隊は複雑な経営体へと成長し、作戦が終結しても解散することはない。今や傭兵隊長は独立独歩の事業の主体となった。一五世紀前半に大傭兵隊長ミケレット・アッテンドロは*28、麾下に一六七人の隊長を擁していたと言う。こうした隊長たちの各々が、総計すれば五六一〈騎〉に達する自身の重騎

ロドンテッアはらかなどうちにかたをいすもにかけるなけりかないたえにたちのなものとしたとよらむしかにとこけるそのとなけりをかせたとろうものとにはそのだとけたなのけかるとのになりくいのそうたちになるように

兵団を率いていた。この数字は、運営を担当する書記や会計を除外した上での数である。アッテンドロは四半世紀にわたり休む間もなく、各地の政府の御用達を勤めた男であった。彼らを雇い入れる予定のある雇用主を見出せない時、こうした傭兵隊は動き回る爆発物と化したのである。彼らは生半可な多くの国家より、軍事的にはるかに強大な存在だったからだ。一三五四年から一三九九年までの間にシエナは、その領域を掠奪するぞと脅迫する失業傭兵隊に、巨額の金銭の支払いを強要されることなんと二五回。一度など支払いはほとんど四万フィオリーニにも達した。この金額はフランチェスコ・ダティーニのそれのような、[29]大商社の投資可能な資本金にも匹敵する。

　この問題の解決のため、当時の各邦政府は試行錯誤を重ねた。イタリアのいくつかの国家は、傭兵隊を恒常的に雇用する方向へと舵を切りはじめる。その領域内に宿営し、平時にあっても随時出動可能な状態の維持を、彼らに義務づける契約を締結することによってである。そのためには、金銭の絶え間ない支払いが必要となることは論を俟たない。かかる解決策は並外れて高価な解決策であった。だがヴェネツィアやミラノのごとき政府は当時、自国の商業の繁栄を利して、ヨーロッパ諸列強のそれに匹敵する財政的余裕を保っていた。これらの政府は金銭の支払いにより、傭兵隊長どもを自身に対する奉仕に組み込むことに成功した。それればかりではない。こうした諸政府はそれと平行して、封土や収入の提供を餌に、傭兵隊長たちを己れに対する政治的紐帯につなぎ止めるべく、躍起となるようになる。そうしたことは傭兵隊長たちを当該国に帰化させたり、雇用主に対する契約的義務の限界を越えた彼らの忠誠心を確保するのに役立っていた。

政府により直接編成される常備軍の設置こそは、かかる統制力強化の決め手となる。この手法はまずフランスで、続いて他のヨーロッパ諸国において試されるに及んだ。一四五四年にフランス王シャルル七世は、傭兵隊長連との私的な契約と交渉の錯綜と混沌を整理すべく、〈正規部隊〉（compagnies d'ordonnance）と称される重騎兵部隊を組織し*[30]、その隊長は王側近の貴族たちから選りすぐられた。正規軍に登録された重騎兵は王政府から直接給与の支払いを受け、恒常的に雇用されるのが普通であった。これがフランス政府の野戦軍の、はるかに迅速な編成に役だつこととなる。かかる軍事制度は、当時の国家の政治的発展に対応する現象であった。〈正規部隊〉の登場は、貴族たちに提供される新しい官職や年金の創設に直結する。これらの新しい官職や年金こそがより多くの貴族たちを、王自身の膝下に引き寄せた当のものであった。ある年代記作家は、フランスで正規部隊創設の一報が流布するや、馬匹の相場が暴騰したことを伝えている。この暴騰は貴族各位が正規部隊への登用切符を手に入れるべく、こぞって良馬を買い入れようとしたためなのだ！　この正規部隊と平行して、弓兵よりなる民兵組織〈人頭税免除弓兵隊〉（franc-archers）も設立されている*[31]。この部隊は、郷村から富裕な住民を一定数召し出し編成された。彼らは王から召集がかけられた時、武器を遺漏なく整え出頭する義務を科せられたが、その代わりに税制上の特権を付与された訳である。

カスティリア王やブルゴーニュ公などフランス王以外の主権者たちもまた、かの王が創始した正規部隊や民兵弓兵隊を模倣するようになる。こうした部隊は、後の常備軍の創設に帰着するような根本理念に照応するものであった。だが上述した一五世紀から一六世紀にかけての武器と戦術の変化の結果、こうした実験には早々と終止符が打たれることとなろう（これについては次章にとりあげる）。なぜなら他ならぬ重騎兵と長弓兵こそが、武器と戦術のかかる変化により戦場での役割を全面的に縮小され、果ては根絶されてしまった当の兵種だからである。もっともヨーロッパの政府のことごとくが、その軍事力の常備軍化に必ずしも意を用いていた訳ではない。例えばイギリス。この国は当時のヨーロッパにおいても、とりわけ尚武の国柄を知られていた。にもかかわらずイギリスが常備軍設置の方向に最初の数歩を進めるには、一七世紀の到来を待たねばならない。中世末期この国では王の支出が、議会から厳しく統制されていたからである。神聖ローマ帝国についても事態は同様。だからこの最初の「常備軍」につき、過度の強調に陥る誤りは犯さないようにしよう。この最初の「常備軍」こそはかつて歴史家が、近代国家形成の一里塚と騒ぎ立てたものに他ならない。だが実を言えばこうした民兵隊は、一七―一八世紀の常備軍といかなる実際的継続性も持たぬものでしかない。一五世紀における軍事システムの基本的様相は、たとえそれが国毎に多少異なるやり方で統制されていたにもせよ、依然としてその契約的性格の上にこれを見出し得る。

軍事組織編成につき諸政府が遂行した同じく重要な側面は、国家所有に帰す武器の備蓄である。この新現象こそが武器の所蔵についての、今日まで続く形態を導入することになる。この当時までの重騎兵その他の戦闘員が、己が負担において相応の武具を身に帯び、閲兵に出頭せねばならなかったことは無論であろう。くどいようだがこのような志願部隊こそが、当時の軍隊の主力をなすものであった。中世末の軍事システム下、こうした主力部隊に支援部隊が不承不承、義務的軍役ゆえに同伴する態勢がとられていた。そこからこの支援部隊に支給する武具を、ある程度標準化することが普及するようになる。それはかかる武具の標準化の要求を、ますます厳格なやり方で規定することに始まる。その隊員の装備が不適切と判定された部隊長や出身共同体は、罰金刑に処せられた。こうした施策は、大量の武器の政府による直接買付という政策によりいっそう推し進められる。劣悪な装備しか支度できなかった部隊（なかんずく歩兵隊）に大量の武器が配給されたり、いったん緊急の際、特定の守備隊を迅速に武装させるべく、政府直属の城や砦にそれらが備蓄されたりもした。だがその当初から国家の主導性が民間のそれを圧倒していたのが、砲兵隊の分野である。砲兵隊は常に君主の直接的所有物とみなされていた。それというのも砲兵隊の維持には目の玉が飛び出るほどの費用がかかり、またそれが高給の技術者により操作される工業生産物だったからである。事実それは、政府が直々に差配する戦争手段の代表格であった。

1―4　戦術

一軍が徴募されたとして、それは一体どのように運用されたのだろう。続く時代と同様に中世末期の戦争も、何よりまず領土の征服を意図している。それが本音であるか建前であるかはともあれ、戦争の動機もさまざまであった。さらに後ともなれば戦争が、民族的動機あるいは人種的動機から開始されることも少なくなかった。それはまた植民地戦争のように、純然たる経済的なもしくは政治的な動機から開始されることもあった。ここに我々が取り上げる時代にあっても、なかんずくシニョリア体制下のイタリアにおいて、単にそれに終始する訳ではないにせよ、政治的シニシズムや権力意志が存在したことは間違いない。だが戦争は同時に、王朝的言説が誇示するごとき政治的理由によっても生起した。イギリス王がフランス王位を要求する腹を固めたことにより、百年戦争の幕が切って落とされた時がそれだ。また戦争が、宗教的原因から戦われたことも忘れてはならない。トルコ人に対してにせよバルト人やスラブ人に対してであるにせよ、中世末葉の数世紀を彩った度重なる十字軍発遣の事例がそれにあたる。戦争を始めた側から見れば、これらの場合の全てについて戦争の直接の原因は、ほとんど常に領土の征服なのである。

だが一四―一五世紀の戦争と近代の戦争の間には、征服を実現する手段において絶対的な落差が存在したことは見逃せない。ここでいう近代の戦争とはナポレオンにより実践され、一九世紀にプロイセンの将軍クラウゼヴィッツ[*32]により理論化されたような戦争のことだ。クラウゼヴィッツが今日においてもなお、戦争理論の神様と目されるのは、近代戦の彼によるこのような理論化に基づく。近代戦争において征服は、敵の戦力を四分五裂させることで可能となる。そしてその手段は専ら、敵軍を野戦において殲滅することに尽きた。これに対し目下我々が取り上げる時代、敵軍殲滅を明白な目標に据え戦争に突入することは困難至極であった。決戦の追求など、攻撃の発起者にとっても、慮外のことでしかない。小規模でかつ専業性が相対的に低い当時の軍隊が、決戦を志向するなどお笑い草だった。こうした軍隊がその構成において流動的であり、また決戦に敗れた場合に軍を無から再興し得るほど資金面においても潤沢でないからには、これは止むを得ない選択だったと言えよう。この状況を前提に軍事作戦の直接の目的は、敵国に橋頭堡を築くことに限定された。そしてこの橋頭堡を順次拡張していくことが、これに続き企図されて行ったのである。時にはさらに慎ましく、敵の軍事力というよりむしろその経済資源の破壊により、敵の力を弱体化させることだけを作戦目的とする場合もあった。

この時代に戦争は、実に次のようなことを意味していた。すなわち、まず第一に偶発的攻撃を回避するために十分な戦力を背景に、敵国領内に侵入すること。続いて敵国領内の都市や田野に散在する一定数の城塞を包囲占拠し、そこに守備隊を配置すること。そして最後に作戦活動が秋で終わらなかった場合、かかる占拠点で越冬することである。他方防戦側は、野戦で敗北を喫するがごとき危険をあえて冒すことを、滅多に受け入れるものではない。それればかりか百年戦争時にフランス人たちが、侵入軍を殲滅せんと決戦に及んだ若干の事例は、驚愕すべき大敗北へと帰着するのが常であった。賢明な司令官は、その城塞に防御態勢を取らせることを好んだ。換言すれば彼は寄せ手の側がその兵器や日用品、軍資金を枯渇させたり、そして何にも増して過半の事例に生じたように、戦争好適期の終了により自滅するよう持久戦に持ち込むことを好んだのだ。

このような発想のもと企画された戦争は、その政治的決着の周りで、長々とよだれのように繰り広げられた。運悪く戦場となった地域の住民たちは、こんな戦争を堪え忍ぶ他どうしようもない。それが彼らにとり、絶望的なまでに破壊的な出来事だったことは言うも愚かであろう。もちろん侵入者がその地域の併合を望む場合もある。その時にはこうした侵入者も、在地の貴族や自治体との合意に到達すべく、その行動を自制したことは間違いない。侵入者が、こうした地元勢力の服従を渇望したこと、そしてまた敵の砦の守備隊長どもを腐敗させ、彼らを味方に引き込もうと試みたことも確かだ。だがこうした事前の懐柔が奏功せず、敵地の地域住民がちょっとでも反抗を開始しようものなら、残忍無残という言葉が侵入軍の標語となってしまう。それは住民に見せしめを行い、彼らの継戦意欲を挫くことを目当てとしていた。開城の機を逸した都市は情け容赦無い掠奪の餌食となり、守備隊は最後の一兵まで縛り首に処せられた。田園の荒掠作戦の場合、破壊行為はいっそう大がかりなものと化す。かかる作戦に打って

図7　傭兵による掠奪

出る軍隊には、敵国の長期的占領の意図などかけらもない。かような軍隊はただ単に、敵の経済資源と抵抗意欲の衰弱を意図し敵国に侵入する。その場合に戦争は、単なる破壊と何ら変わるところが無かった。ブドウの木をはじめ果樹は根こそぎにされ、家畜は強奪され、村は焼き払われ、身代金を払えない百姓は殺されたり不具者にされた（図7）。

一四―一五世紀のヨーロッパ――それは経済的・技術的進歩や芸術の壮大な開花に彩られた時代。だがこの時代は同時に、ヨーロッパ史上における一大悲劇の時代でもあった。この悲劇をもたらしたものこそ戦争のかかる野獣的・破壊的側面であり、また一部とはいえ自制に乏しい野武士どもから編成された軍隊の、一般市民を巻き添えにした全面戦争行為である。その著『封建制の危機』でギイ・ポワは、一章を「ノルマンディーの〈ヒロシマ〉」と題した。これはもちろん牽強付会の表現に過ぎない。だが敵側フランス人から、「血まみれの残虐な連中」と評されたイギリス人が、時には数ヶ月にわたる敵国での破壊的攻勢を、どんな手段と意図のもと実行したかを知れば、こうした牽強付会があながち誇張とも思えなくなって来てしまう。従来考えもつかなかったほどの規模と期間、間断なく繰り広げられた戦争は、一四—一五世紀のヨーロッパ全土にその影を投げかけ続ける。こうした戦争が可能となったのも、国家とその資源の強化のために他ならない。それはペストの猖獗と共に、この時代の暗黒面をあらわしている。

1—5 戦争・文化・社会

つまり戦争は当時の社会にとり、ある種の鞭の役割を果たした。「主よ戦争から、飢餓から、疫病から我らを救い給え」とは、教会でしばしば唱えられた文句である。もっとも戦争が、万人にとっての鞭であったとは必ずしも言えないかもしれない。武具と軍馬を持ち傭兵隊に参加することが可能な封建領主にとり、戦争は重要な収入源ともなっていた。と言うよりそれが多くの領主にとり、唯一の収入源だったとすら申せよう。インフレーションと人口危機の併発が領主の収入を圧迫した一四—一五世紀のような時代、重騎兵一人当たり一〇から一五フィオリーノに達するその数ヶ月分の給金は、優に小さな所領の収入に匹敵するものであった。重騎兵徴募の極端な手軽さはここから説明できよう。失職した際、彼らを故郷に連れ戻すことが決してたやすい業ではなかったことも、まさにこの点に由来している。長弓兵や石弩兵とっても話は同工異曲だ。もちろん重騎兵のそれより少額であったが、彼らの給金ですら月並みな職人の稼ぎに比べれば、はるかに多いものには違いなかった。

だが人々を戦争行為に引き寄せた原因は、ただ給金のみとは思われない。何と言っても貴族たちにとり戦争は、興奮を掻き立てるに十分な見栄えのする、危険で過激なスポーツであった。そればかりではない。戦争は当事者がもし幸運に恵まれれば、単に命拾いできるのみか、一攫千金を引き当てることもまんざら夢ではない一種の賭博とも思われた。戦争の秘めるかかる二重の含意は、貴族たちが作りだした騎士道の規範中にも反映されている。実は騎士道とは、従来それが単純に信じられてきたものとは、全然異なるものであった。それは空虚で無用な自己顕示でも、戦争の残酷さという現実からの逃避でもない。騎士道の典範は戦士の行動を具体的に規定し、戦争遊戯をより安全かつ実り豊かなものとするのに役立っている。実際に騎士道は、貴族に戦場の捕虜を殺さぬよう要求するとともに、身代金支払後の彼らの釈放をも規定している。捕虜の身代金は一般に、彼の年収相当額であった。このようなシステムのお蔭で運をつかんだ戦士たちは、容易に富裕になることができたという訳だ。たとえ別のある騎士が自身の自由の買い取りのため、自身の所領を質入れしたり売却することを余儀なくされたにしてもだ。その極端な事例がフランス王ジャン二世[*33]の場合であろう。一三五六年のポワティエの戦いで捕虜になった彼は、三〇〇万金クローネの身代金の支払い後に釈放されたが、この金額をかき集めるのに留守政府は数年を要したし、お蔭で王国の財政は麻痺状態に陥ってしまった。

騎士道規範の有用性は、この手の主題をめぐる論考の隆盛を説明してくれる。しかし同時にこうした論考は軍事技法の、戦争倫理の、さらには戦争法の書物とも目された。もちろん栄誉は貴族的心性にとり決定的なものであったに違いない。とは言えベネディクト会士オノレ・ボーヴェの『戦争の木』や、貴族ジョフロワ・ド・シャルニーの『騎士道の書』のような作品は*34、栄誉の概念をめぐる議論を含むにとどまらない。これらの論考中には戦時中に期待さるべき振る舞いや、身代金の支払いについての具体的示唆が含まれている。こうした戦陣作法は、その広く受容された合法性に関わる騎士相互間の合意に支えられていた。ラテン語で『軍事論』（De re militari）と銘打たれるがごとき*35、一五世紀人文主義風の論考は未だ登場してはいなかった。そのような類の著作はある種の衒学趣味から、古典古代の軍事技法書の用語や文体をわざわざ取り入れている。そうではなくてこの早い時期に戦士の間で人気があったのは、むしろ俗語で書かれた作品なのだ。こうした俗語作品は戦争がきわめて実践的行為であり、また成功や富をもたらす栄誉ある任務だということを、少しも隠そうとはしてはいない。当世流に従えば戦争はひとつのビジネスであったし、また実際そのようなものとして取り組まれてもいた。二人以上の重騎兵が相互間に「軍事的兄弟社」の盟約を結ぶことは*36、決して珍しい話ではなかった。こうした結社はかかる騎士道的語彙にもかかわらず、現実には事業契約以外の何物でもない。その結果、かかる盟約の規定するところとはすなわち、戦利品を共有することや帰郷後のその投資、不幸にして捕虜となり身代金の支払いを余儀なくされる場合の保険、等々ということになる。

このいわゆる戦争文化に参加したのはただ貴族たちのみに止まらない。なぜなら戦争は下層階級出身の者にとっても、貴族社会に参入する主要な経路だったのだから。軍務という王への奉仕に加わることを許される者とは、つまりは若干の経済的余裕を元手に武具や軍馬を買い求め、緊急時には王のもとに馳せ参ずる者であった。こうした条件を満たす誰しもが、王からの叙爵を渇望することができた。そしてかかる叙爵が社会的・租税的・法的特権をともなうものであることは、これをいまさら強調するまでもあるまい。かくしてフランスでは、正規部隊（compagnie di ordinanza）の重騎兵として王に奉仕したという経歴は、貴族位の認知にかかわる主要な論題となった。このことはこの国の法官たちに提起された、一五世紀の多くの事例においても疑う余地がない。かくして当時の多くの者にとり死と荒廃を意味した戦争が、他の者たちにとっては致富や身分上昇の手段と化した。ヨーロッパ社会の最前線に立つ、政治・経済的エリートの全員とは言わぬまでもその多くが、戦争のためにそして戦争によって生活していたのだ。

1―6　海上の戦争

我々の探求が近代へと接近するにつれ、海戦は我々の考察の重要な一部分となるだろう。海戦がその本来の性格から、陸戦とは異なる取り扱いの対象となることは確かである。だが目下取り上げる一四―一五世紀において海上での戦争は、地中海という舞台を例外として、なおも二次的役割を果たすにとどまっていた。地中海という閉じられたこの狭小な海域では、少なくとも自国周辺の海の制海権の、そしてできるならば地中海全体の制海権の確保の必要性が、ヴェネツィアやジェノヴァそしてアラゴン王国のごとき当時の海洋大国によりよく認識されていた。すなわちこのことを、即ち恒常的に海軍を維持することの必要性を、こうした国々がよく認識していた、と言い換えることもできようか。地中海で用いられた軍船は主にガレー船である。たとえ便宜に応じて商品積み荷を運送することがあったにもせよ、これは本来は戦闘用に設計・制作された船に違いない。帆に加え櫂により操船されることにより、このようなタイプの船は、船員を環境条件の拘束から解放する。それゆえこうしたタイプの軍船は、戦略行動の展開に適したものであったと言えるだろう。乗組員は俸給制に基づき徴募された櫂の漕ぎ手たちの他、主に長弓兵からなる歩兵隊が乗船することもあった。一五世紀に入るとこうした船の船首と船尾に、何門かの大砲が備えられはじめる。以上の条件から、地中海というこの舞台において海上戦はすでに戦争の重要な、いや時には決定的な側面と目されるようになっていた。

だが地中海から北海やバルチック海へと目を転じれば、話が違ってくる。そこで活動していたのはイギリス船やフランス船、なかんずくフランドル船やドイツ船、スカンディナヴィア船である。この地域の海で活用されたのは、丸形船と称される帆柱で艤装した小さな帆商船で、あまり使い勝手のよいものではなかった。それは専ら商用のため建造されたもので、軍用船としての性能を全く欠如させている。そのうえ政府が船舶を必要とする時と言えば、せいぜい軍隊を輸送せねばならない時とか、さらに稀なことだが百年戦争中にイギリス人がしばしば試みたごとく、襲撃により敵の海岸や港湾に脅威を加えようと試みる時くらいのものであった。こうした場合には商船が借り上げられるかさもなくば接収をうけ、そこに兵士たちが乗り込むことになる。恒常的な戦闘艦隊は存在していなかったし、海上戦闘の技術も未熟なままにとどまった。海上戦闘技術と言っても実際には、兵士を敵船に送り込むべく接舷することに過ぎなかったのである。ヨーロッパの主要な軍事勢力がその前提とするかかる地理的環境を踏まえるに、海戦はこの時代、依然として単なる二次的現象でしかなかったと言えよう。

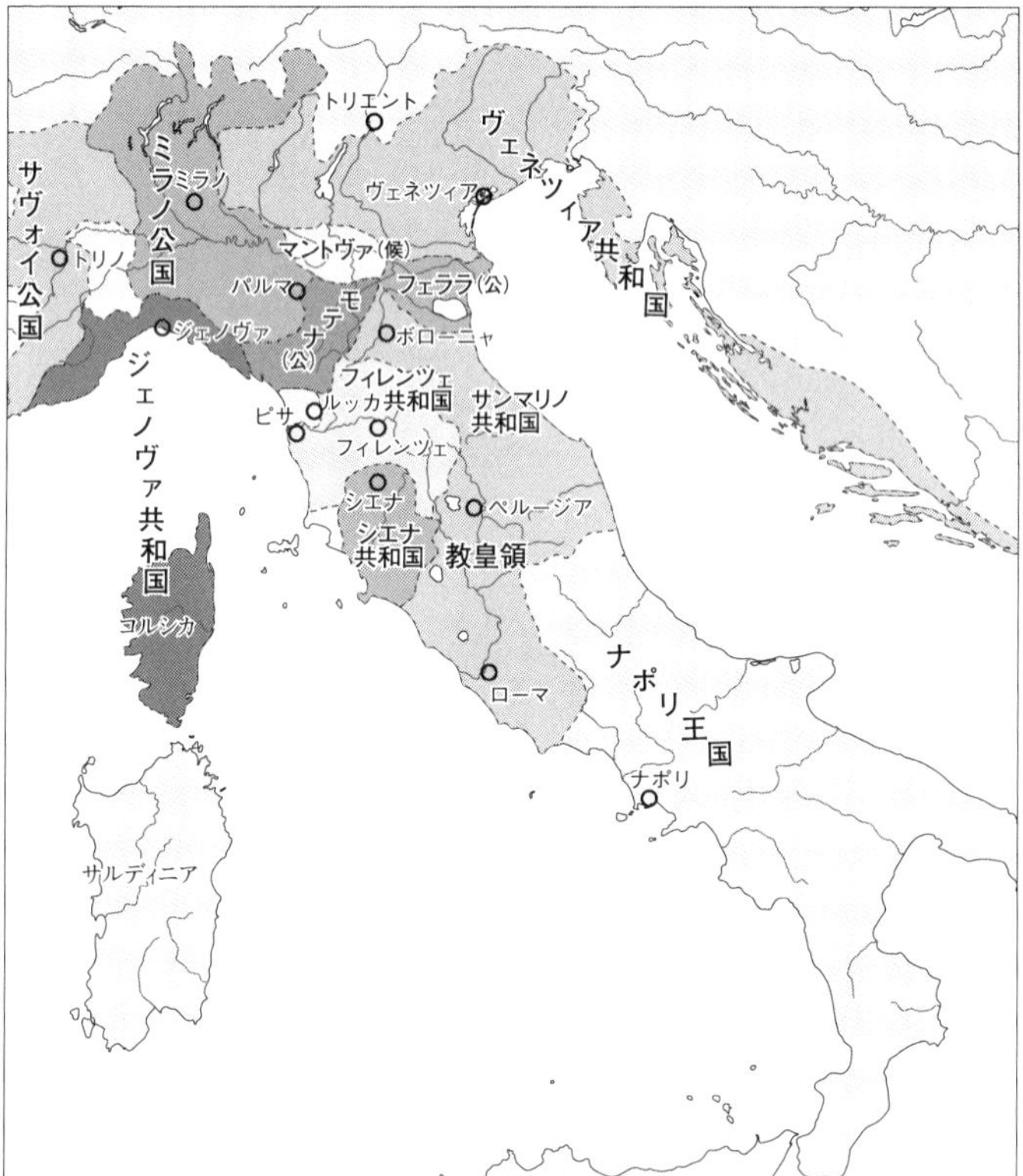

ルネサンス期のイタリア

第2章　イタリア戦争から三〇年戦争へ

2—1　最初の軍事革命

2—1—1　長槍と火縄銃

一五世紀末以来スイス人たちの活動により開始された変化は、イタリア戦争[*1]の長期の経過を経て完成された。イタリア戦争は、フォルノーヴォの戦い[*2]（一四九五）、チェリニョーラの戦い[*3]（一五〇三）、アニャデッロの戦い[*4]（一五〇九）、ラヴェンナの戦い[*5]（一五一二）、そしてマリニャーノ[*6]（一五一五）とパヴィアの戦い[*7]（一五二五）といった大合戦により彩られ、カトー・カンブレジの和[*8]により決着を見るに至る。この講和こそ以後三百年に及ぶ、イタリア半島でのハプスブルクの優越を確定づけたのだった。イタリア半島を舞台にフランスやドイツ、スペインそしてイタリアといったさまざまの国籍に属する軍隊が、組んずほぐれつ繰り広げた諸戦争を通じ、前章に叙述された中世末期の戦闘法とは、全く異なる戦闘法が産み出されてくる。もちろん次第に改良されたとはいえ、この新戦法は、ドイツやフランスの宗教戦争[*9]、カトリック・スペインによる低地諸国やイギリスのプロテスタント教徒に対する戦争、そして部分的には三〇年戦争[*10]（一六一八—一六四八）やイギリス清教徒革命（一六四二—一六四六）に至る、

図1　スペイン軍の長槍兵

一六世紀と一七世紀初頭の戦争を特徴づけるものであった。

スイス人が導入した最も重要な革新とはすなわち、歩兵の主要な武器としての長槍の導入に他ならない。鋭い鉄の穂先を備えた長さ数メートルに及ぶ長槍は、個々の兵士の単独戦闘行為においては無用の長物に過ぎない。だが集団訓練を受けた数千の兵士が一斉に操作した場合、それは恐るべき武器と化す。長槍を装備し、縦深七〇段にもわたって隊伍を組んだ歩兵隊と相対しては、重騎兵隊といえども勝利をおさめることなど夢のまた夢であった（図1）。それは戦場の案山子が数世紀の沈滞を経て突然、その支配者に成り上がったことを意味している。かくしてこれまで軍隊の中枢を担ってきた重騎兵隊は、その役割を奪い取られてしまう。騎士道的ないしは貴族的伝統から重騎兵の突進力を過信してきた各国軍は、パヴィアの戦いに際してフランス人たちが味わったのと同じ失望に、時と共に打ちのめされていく。

一六世紀初頭には長槍は真の革新的武器、「戦闘の女王」とまで称えられた。その普及は技術と言うにとどまらぬ広範な意味合いにおいて、文化的に永続する結果をもたらした。長槍の使用は個人的修練ではなく、むしろ集団的なそれを必要とした。なぜならその効果はなかんずく、この扱いづらい武器を密集陣形を組む人間たちが、互いを妨害することなく操作することができるか否かという点にかかっていたからである。かくして新兵の訓練を担当する専門家が登場してきた。こうした専門家こそ、当時〈下士官〉（bassi ufficiali）と称された軍曹や伍長たちである。彼らは今日に至るまで軍隊における、この決定的な役割を保持し続けている。長槍兵の方陣においては個人の資質より、兵士たちが形成する集団が重視された。組織と訓育が必要な要件となりはじめていた。この部隊の組織と訓育という仕事こそが、下士官に課せられた主要任務に他ならない。リズムをとった歩調で兵士を行進させる効果が認められるようになり、またこうした目的に基づき行動を分節すべく、鼓笛が導入されるようになった。スイス人長槍兵の集団は実に、ローマ軍団やマケドニアの密集陣形《ファランクス》*11の再来と目された。こうした軍隊の出現を眼前にしたルネサンス期の軍事評論家たちは、それに応じた新たな軍事学を練り上げて行く。この新たな軍事学は、選択すべき布陣法や兵士の行動の斉一性、あるいは集団訓練の問題に多大な関心を寄せていた。これこそが理論と実践の両面でヨーロッパの軍事の、当時大きく進歩した主題なのである。

だがしかし長槍はそれのみでは不十分であった。長槍兵がその殺傷力ある武器を、安全に操作できるようになったことは事実である。だが、敵による予想外の襲撃から彼らを守護すべく、補助兵の存在もまた必要とされてきた。敵軍の歩兵は、長槍の操作が困難となるほど足下にまで、潜り込んでくることができたからだ。かくして一六世紀初頭の歩兵分隊において長槍兵は、剣と盾ないしは矛槍を備えた兵士の一隊を随伴させるようになった。長槍と比べこれらの武器は、白兵戦により適した武器である。また我々の鉄砲の先祖にあたる火縄銃を配備された者もいた。火縄銃は遠距離戦の主役としての地位を、長弓や石弩から早々と奪い取ってしまう。未だ素朴なものながら火縄銃は、戦争技法を一変させる武器として認知されていった。「呪うべき、吐き気のするからくり」に対するアリオストの罵詈雑言は、そのことをよく示すものだろう。彼によれば火縄銃は「由緒正しきの騎士」の価値を、無用の長物へと貶めてしまったのだ。

すでに歩兵は一軍中のその人数において、騎兵に比し多数を占めるようになった。またこの新しい編成の軍隊により戦争は、以前に比べより長期間にわたり、またより膠着的なものへと変化した。歩兵それ自体が有する防御的性格を有効に活用すべく、また当時の火縄銃の射速の遅さに由来する防御上の脆弱性を補うべく、胸壁や塹壕のごとき野戦築城を施すことが当たり前となる。こうした胸壁や塹壕に立て籠もり抵抗を続ける防御側を駆逐するのは、きわめて困難な仕事となった。そして塹壕の最も重要な箇所には、今やあらゆる軍隊が保有するにいたった、カノン砲が配置されるようになる。もちろん当時のカノン砲はごく少数で、非常に高価なものであったに違いない。またほとんど統一規格を持たず、後世の野戦砲兵隊において用いられたそれに比べ口径が巨大過ぎた。そればかりではない。何と言ってもこうしたカノン砲は、実に扱いづらい代物だった。とはいえ固定され掩蔽防御を施された拠点から発射される場合、カノン砲が発揮する破壊力は計りしれない。こうした効果を発揮するときカノン砲は、それを軸に戦闘が繰り広げられるほどの兵器となった。カノン砲は戦場における、主要な要素のひとつと認知されるに至ったのだ。

最近における軍事史の叙述は、長槍と火縄銃の出現がもたらした戦争術の変容が戦争の真の、そして本来の革命に他ならなかったという解釈を受け入れている。今からおよそ五〇年前に、この軍事革命の概念がはじめて提唱されるようになった。*12 本来それは次章に語るがごとき、一七世紀に生じた軍事的変革を指摘することを意図したのである。だが結果として見ればこうした革命はすでに、一五―一六世紀に先取りされていたのだ。本当はひとつの革命ではなく、一六世紀と一七世紀という二つの時期に生じた、二つの目覚ましい革命につき語るべきなのかもしれない。まず第一の革命は戦場における歩兵の優越を確立することにより、重装騎兵隊の没落を決定的なものとした。このことは、以下諸ページにおいて示される通りである。この革命を通じて実現した、長槍の衝突力と火縄銃やカノン砲の防御射撃の組み合わせは、後期ルネサンス期における戦闘というものを理解するにあたり、若干の手がかりを提供してくれるに違いない。

2—1—2　一七世紀初頭に至る戦術の進化

一六世紀後半以降、マスケット銃という新たなタイプの火器が登場する[*13]（図2）。その結果として火縄銃は、最初はマスケット銃に支援され、遂にはそれに取って代わられてしまう。マスケット銃は火縄銃に比べ、より長大で重量もあり、また価格も高く操作も難しかった。にもかかわらず、火縄銃と比べた場合マスケット銃は、より重量ある弾丸を遠距離から発射できるという長所を持ち合わせていた。そうしたマスケット銃の性能により、重装備の敵兵に壊滅的打撃を与えることが可能となる。火縄銃同様にマスケット銃も弾丸を発射する際、引き金を降ろしつつ導火線を火薬に近づけることにより操作される。それは鈍重できわめて効率が悪く、雨天時には使えない兵器であった。それればかりではない。当時のマスケット銃兵は、三脚を常に携帯しなければならな

図2　17世紀のマスケット銃兵

かった。それを地上に突き刺し、そこにマスケット銃の砲身を乗せるためである。マスケット銃は三脚なしに操作されるには、あまりに重い兵器だったのだ。それにもかかわらずマスケット銃は、他の兵器に比べいっそう優れた兵器と言わざるを得なかった。その出現は歩兵隊の兵種構成を、根本的に変化させてしまうことになる。

一面においてマスケット銃は、剣盾兵や矛槍兵が担当していた長槍兵守護の任務を縮小する。その結果これらの武器のみを携行する兵士の徴募が遂には停止されたほどで、全部隊が長槍兵とマスケット兵で構成されてしまう（だが三十年戦争の終わりまでの歩兵隊が、ちょうどその頃から士官や下士官と称されるようになる一群の兵士を、高い割合で含んでいたことを想起する必要があろう。士官や下士官たちは歩兵隊に徴募された多数の郷紳たち同様、剣や矛槍で武装したのみならず、実際こうした武器を依然として戦闘において実用していた。次章において考察されることとなる一八世紀の軍隊になって初めて、剣や矛槍はその実践的機能をほとんど失うこととなろう。剣と矛槍はその後、それぞれ士官と下士官の純然たる身分的な表徴でしかなくなる）。

他方マスケット銃の出現はこの後たちまち、長槍兵それ自体の衰退をもたらすだろう。それどころかすでに目下考察している時期の末葉、一軍中の長槍兵に対するマスケット銃兵の割合は急激に増大しはじめる。一六世紀の終わり頃、フランドルにおけるスペイン軍の諸部隊においては、一〇名の長槍兵に対し一人のマスケット銃兵と二人の火縄銃兵という割合であった。だがものの五〇年と経たない内に、三〇年戦争やイギリス清教徒革命の戦場においては、長槍兵一人に対し二、三人、時には四人のマスケット銃兵が配備されるようになる。そればかりではない。両者の間の重要性もまた逆転するに至った。防御についてのみならず同時に攻撃についても、マスケット兵は今や軍の中核を担うようになる。彼らは敵軍に向かい前進し、白兵戦に移行する直前、敵からわずか五―一〇歩の至近距離でその武器を発射した。三〇年戦争の期間中、一六四三年のロクロワの戦い[*14]におけるスペイン軍の敗北は、過去ほとんど一世紀の間ヨーロッパの戦争の主役であったスペインの名だたるフランドル駐留軍[*15]の、終焉を示す出来事となる。だがこの戦いは同時に、旧態依然たる軍事組織の崩壊の象徴ともみなされた。長槍兵を主力としたスペイン軍のこの敗北により、マスケット銃の長槍に対する優越がようやく認知されるようになったのだ。長槍兵は現役兵の半数を超えるべからずという、スペイン軍の規範が定められたのもこの頃のことであった。

マスケット兵のいやます重要性は彼等を個人としてではなく、集団として移動しまた射撃すべく調練することから得られる利点につき、多くの指揮官たちに省察を促した。オランダではマスケット銃兵を、〈科学的〉規範に従い調練することが始まった。これは連邦総督であり一五八八年から一六二五年までオランダ軍の総司令官をも勤めた、ナッサウ伯マウリッツ[*16]によってもたらされた刺激にはじまる。オランダ軍の調練は次のことを、究極の目標に置いていた。すなわちその第一段の銃兵が斉射を行い、続いて〔第二段、そして第三段以下の兵士たちにその場を譲りつつ〕秩序正しく後退すること。そして後方に回っている間に、時間を要する彼らの武器の再装塡作業に着手することである（図3）。一六〇〇年頃のオランダの歩兵隊の戦闘隊形は、縦深一〇段という奥深い隊伍を組んでいた。だが上記のやり方による展開を実際に行うためには、机上における研究の深化を踏まえた、はるかに洗練された訓練が必要なことは疑う余地がなかった。最初の挿し絵図版入り操典教本は一六〇七年に、アムステルダムで刊行された。標準化された訓練の利点と操典の必要性が全ての士官たちに受け入れられるようになるまでには、なお長い時間がかかったことだろう。だがオランダ軍の改革が、軍事技法の未来の進化を予見するものであったことは間違いない。

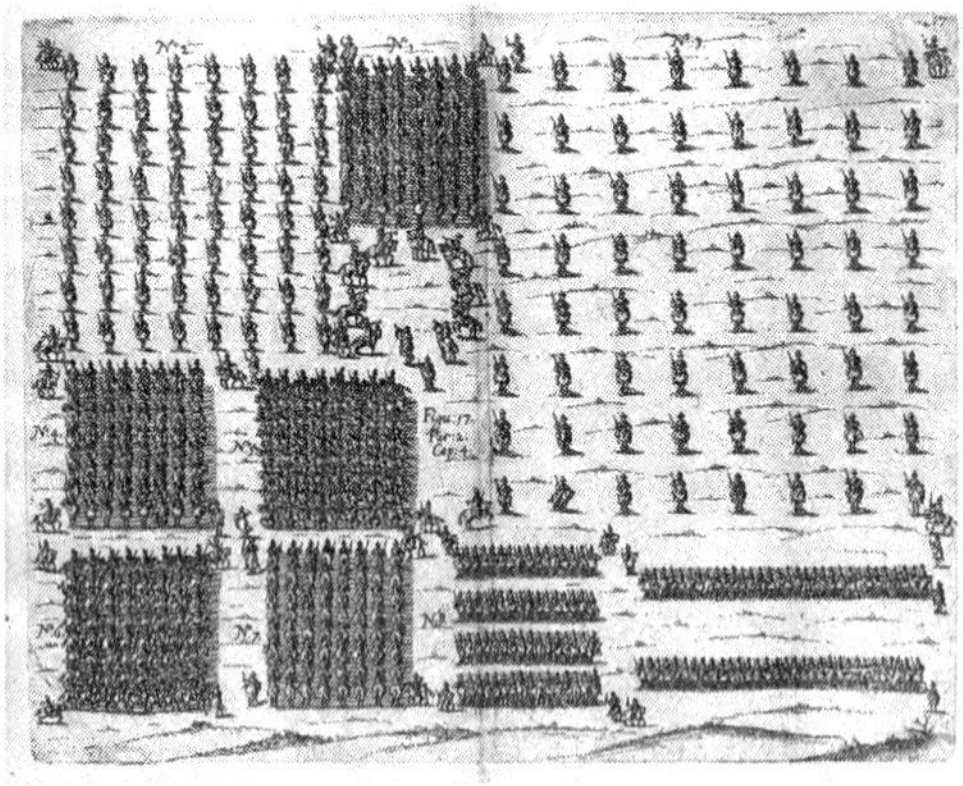
Quele: Deutsche Fotothek
図3　17世紀オランダの軍事教練書

一六－一七世紀の歩兵隊は、依然甲冑にある程度の信を置いていた。当時の歩兵隊には、前代に比しはるかに簡略化されてしまったものの、兜や鎧を身にまとった長槍兵と、長槍のみによって戦闘を行う長槍兵という二種類の兵種があった。前者と後者の間には、給与面においても顕著な格差が存在したのである。だがマスケット銃兵の地位の向上は、防具で身を鎧うことの重要性を次第に縮小してしまう。

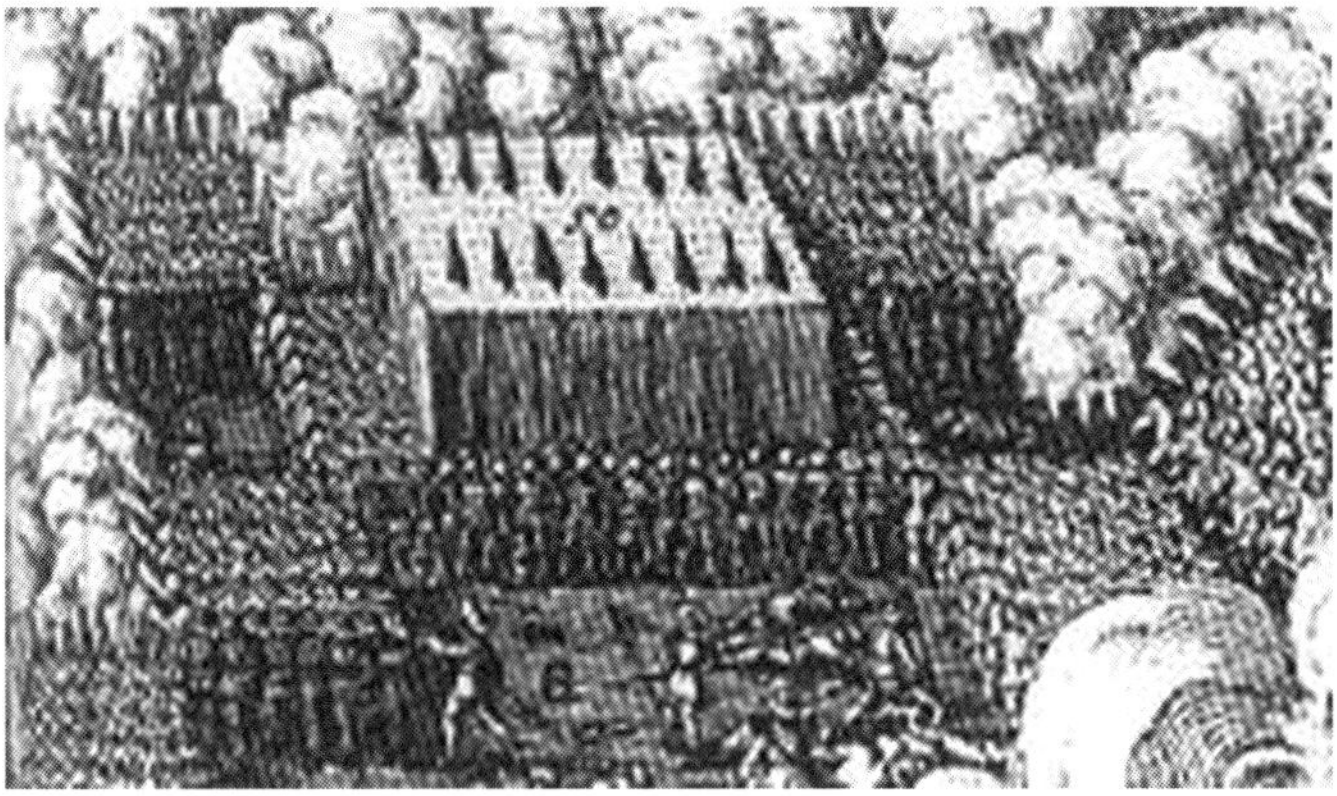

図４　テルシオ

そればかりではない、同様にマスケット銃の地位の向上は、歩兵を重厚長大な陣形に配置する効能に関しても、次第に疑問符を突きつけるようになる。すなわちこのような陣形は長槍の操作には適していても、火器の使用とは全く相性が悪かったのだ。ここまで瞥見してきたような、種々の兵種相互間の連携を促進する陣形を考案することは、当時の将帥や軍事理論家の主たる課題のひとつと考えられた。そして陣形を薄く横に長いものへと転換する傾向こそは、彼等の着想する込み入った解決策の多くに共通の特徴となる。かくして一六－一七世紀の各国の歩兵集団は、前代のスイス長槍兵が組み上げた原初の重厚な隊伍とは、全く異なる相貌を呈することとなった。

さらに大きな成功を収めたそもそものはじめの陣形は、スペインの〈テルシオ〉のそれであった*17（図４）。これは一ダースばかりの大隊を組み合わせたもので、全体として縦深三〇段に配置された長槍兵は総数二千名から三千名に及ぶことも珍しくはなかった。だが〈テルシオ〉陣形の縦深はそれでも、スイス軍の密集陣形と比べれば半分以下に過ぎない。ところがこうした〈テルシオ〉陣形ですら、世人にはあまりに重厚なものであると目されはじめるようになる。一六世紀末には軍の基本単位として、隊伍の縦深のもっと浅い、千人前後の兵士の一団が好まれるようになる。それは火器の役割が増大した結果、より小規模な陣形ほど指揮しやすいと考えられるようになったからだ。こうした陣形はこの頃から一般に、大隊と称されるようになった。その語源は、これを軍の戦術的下級単位として指し示す、中世に普及した名称に求めることができよう。そして言うまでもなくこの用語は今日に至るまで、当時と同じ意味において用いられ続けている。各大隊は長槍兵よりなる堅牢な主力を擁していたが、彼等は縦深一〇段に整序された。他方火縄銃兵やマスケット銃兵は、兵器の潜在力を最大限に活用すべく方陣の側面や四隅のそれぞれに展開する。

異なる大隊相互の連携強化のため、旅団という考え方が発想されるようになった。この名称も大隊という名称とならんで、現代でも用いられている。旅団という名称のもと編成されたユニットは、軍政機能よりむしろ戦術機能を果たすことを期待されている。三十年戦争時、スウェーデン王グスタフ・アドルフ*[18]は、長槍兵とマスケット銃兵の小部隊を交互に組み合わせることを着想した。このようにして誕生した旅団は、ある種の移動する要塞と化す。この移動する要塞は、それに対する四方からの攻撃に対抗することを意図している。旅団の編成が当時の軍事建築の発想を継承していることは疑いない。一般に旅団中の各大隊は相並んで、ないしは相前後して配置された。それは各大隊が相互に、柔軟に支援し合えるようにすることを目指していた。このように相互支援を狙う並列的部隊配置は、戦場における優越を長らく保つこととなろう。だがそれは同時に、これまでの何段にも重なる縦深陣形の、薄く横に広がる幕様陣形への転換を決定づける。三〇年戦争の戦場において大隊の標準的縦深は、今や六段にまで縮減してしまった。他方で縦深陣形に執着した指揮官はたいていの場合、手痛いしっぺ返しを喰らわされることになる。

2—1—3 騎兵の役割

長槍と火縄銃の勝利にもかかわらず、軍中から騎兵が姿を消すことはない。だがその一方で重騎兵隊は軽騎兵隊に、次第に取って代わられてゆく。軽騎兵隊の役割は重大であったが、それは戦闘中においてではない。軽騎兵の防具は時によって、兜と詰め物された皮革の上着が全てであった。この軽騎兵隊には通常、騎乗火縄銃兵の小部隊が含まれている。そうした騎乗火縄銃兵は経費もかからず、また訓練を施すこともなしに、きわめて容易に編成することができた。偵察、護送車の警備、敵に対する急襲、交通路に脅威を与えること等が軽騎兵隊の主要任務となる。隷下の諸民族の特質ゆえにいくつかの国の政府は、あまり金をかけずに多数の騎兵を徴募することができた。これらの政府はこうしたことから、特別の利得を手に入れたのである。カスティリアの小型馬に騎乗したスペインの〈ヒネーテス〉兵[*19]や、ヴェネツィア政府がバルカン半島で徴募したスラブ人やアルバニア人の〈ストラディオッティ〉（stradiotti）[*20]、ハプスブルク家の皇帝たちに仕えたクロアチア人やハンガリー人、スウェーデン王グスタフ・アドルフに仕えたフィンランド人などがそれにあたる。

重騎兵隊について言えば、同時に進行した二つの側面を見ることができよう。第一の側面とはすなわち、それが依然として甲冑と長槍を維持し続けたという事実である。こうした事実こそカール大帝の時代以来、重騎兵隊を特徴づけた当のものに他ならない。結局このような重騎兵たちは、数と重要性を減じつつも、一六世紀に至るまでなおも維持され続けていく。他方重騎兵隊をめぐる第二の側面とは、火器の完成の結果、甲冑と長槍という重騎兵隊を代表する二つの武器が、次第に無用の長物と化したことだ。一六世紀後半以降のマスケット銃の導入が甲冑にとり、紛れもない死刑宣告となる。その新兵器は甲冑に、一〇〇メートル離れていても穴を開けられたのだ。これはそれ以前、いかなる火縄銃もできなかったことである。宮廷画家は伝統に従い、王侯将相を巧緻をきわめた甲冑をまとう姿で描き続ける。だがもはや一兵卒の防具は、兜と胴丸だけということになり果てた。重装騎兵の呼称としての〈胸甲騎兵〉（corazzieri）という名はこの胴丸（corazza）に由来するものである。攻撃用武器について言えば大半の専門家は、騎兵に不可欠の武器たる剣に加え、一組のピストルを装備することを推奨した。したがって三〇年戦争の時代には、槍の使用はもはや過去の遺物となっていた。騎乗戦闘員の身分もまた、徒歩立ち兵士の身分と同等のものへと転落するのを、回避できなくなっていく。兵種間の給与のほとんど全面的な平準化は、何にも増してそのことをよく示している。

かかる近代化にもかかわらず重騎兵が、一六－一七世紀の戦場におけるほど月並みな役割しか与えられなかったことは、歴史上未だかつてなかったと言える。それに概して役割の点からみてこの時代の重騎兵は、軽騎兵と同じ任務のために用いられるようにすらなる。〈騎乗兵〉（Reïtres）と称されたドイツ傭兵騎兵[*21]の例が、このことを如実に示す。この連中はフランス宗教戦争の際には、野盗だとして散々の悪評を蒙ったものである。他方将帥たちは戦闘において、騎馬と火器とを結び合わせ駆使することに基づく、旋回戦法《カラコル》[*22]（図5）のような新戦術を試みるようになる。この戦法は、自身の背後に次々とピストルを発射しつつ、胸甲騎兵の小隊が順次に敵に肉薄するというものである。だがこうした革新が、多大の成果をもたらしたようには思われない。その上、後知恵とはいえ我々は、騎兵隊の未来が火器に結びついてはいなかったことを知っているのだ。

騎兵隊の役割の変化は、軍隊の展開方式にも影響を与えた。歩兵隊が中心に陣取り、騎兵隊が――さ

図5　旋回戦法による騎兵の射撃

ながら一種のおまけでもあるかのように——両翼を固めるのが当たり前のこととなった。士気と衝突力の強化を企図して、マスケット銃隊が騎兵小隊とその配置を交代することもあった。歩兵隊の両翼を固める自軍の騎兵隊は、縦深八段から一〇段の凝集隊形を構成した。そして同様に歩兵の両翼を固めた敵騎兵隊を相手どり、それは本隊たる歩兵隊と別個の戦闘を展開する。騎兵同士の戦闘で両者のうちのどちらかが勝利をおさめ、敵騎兵隊を戦場から駆逐した時点で、自隊を敵歩兵隊の襲撃に振り向けることを考慮するゆとりが、勝者にはじめて生じてくる。だがそれのみではなく、歩兵隊に対する騎兵隊のかような攻撃を決断するにあたっては、べつの条件も不可欠とされる。すなわち敵の歩兵隊が味方の歩兵隊を相手に、すでに長時間の戦闘に晒されているという条件である。この長時間の戦闘により敵歩兵隊は混乱の兆しを見せ、あるいは浮き足立ってくる。そのような条件が整った時にのみ、味方の騎兵隊は要塞化された敵陣地を粉砕し、敗走する敵を潰滅させることが可能となるのだ。勝利の後の味方騎兵の仕事の仕上げは、敵逃亡兵の追跡・虐殺であった。

2—2　兵士の「身分」

戦場における歩兵の新たな覇権は、数世紀にわたりヨーロッパ社会において支配的だった、軍人稼業と貴族身分との同一視に、完全なる終止符を打った。貴族が依然として、自らを軍事的伝統の守護者と自任し続けたことは言うまでもない。一六世紀末にはモンテーニュのごとき思慮深い知識人でさえ、戦争における犠牲は貴族的特権の当然の代償であると予見している。「もし固い地べたで寝ることがなければ、武具一式を担って南方の酷暑を耐えることがなければ、馬や驢馬の餌で身を養うことがなければ、凡下どもの上に我々貴族が輝かそうと願う優越をどうして手に入れることができようぞ。身が粉々に砕かれ、あるいは骨の間から弾丸が引き出されるのを見ることがなければ、そしてまた縫合や焼灼法、ゾンデ法などの外科施術に耐えることがなければ、凡下どもの上に我々貴族が輝かそうと願う優越をどうして手に入れることができようぞ」。しかし少なくともフランスにおいて、帯剣貴族*23がフランス革命時まで抱き続けたこの類の偏見は、かなり以前からもはや単なる時代錯誤と化していた。一五世紀末以後の軍隊は、長槍兵と火縄銃兵の大軍により構成されるようになった。このような大軍を貴族だけで編成することは、到底不可能になってしまったのだ。

例えば、実に多くの貧しい田舎貴族が存在していたスペイン。このような国のいくつかでは、貴族が歩兵勤務をすることが常態化し、それで彼らが自身の名誉を損うことはなくなる。どの国においても、歩兵の小部隊を指揮する大隊長や小隊長は貴族階級から選抜された。だがこうした連中は以前には、この類の徒歩武者働きを疑念を以て眺めていたはずだ。他方徒歩立ち雑兵の大半は平民出身者であった。なかんずく長槍の時代、すなわち一五世紀から一六世紀にかけて、彼らは稼ぎのよい専門技能者として扱われた。彼らはこの時代、不承不承の各国政府に、自分たちに都合のよい給与条件を強要しつつ、傭兵市場を支配したのだ。歩兵の給与と騎兵の給与の間には、事実目覚ましい接近が見られるようになっていた。両者の給与間のこうした漸近は、歩兵の軍事的役割に対する評価の増大に比例するものである。一五世紀半ばの事例をとれば、重騎兵一名は、歩兵一人の給料の五倍もの給料をとっていた。他方騎乗戦闘員であればどんな者でも、たとえそれが最も卑しい長弓騎兵のような立場ですら、歩兵の稼ぎ頭の二倍の給料をかちえた。だがイタリア戦争の時代に入ると、その大半が軽騎兵たる騎乗戦闘員は、スイス歩兵以下の給料しか取れなくなる。

スイス歩兵がかくも高給を要求し得たのも、彼らが戦闘上の新しい技法の創出者だったからに他ならない。この新しい戦闘技法により彼らは、当時最も練度が高く最も恐れられる歩兵となったのである。彼らこそが正に戦場の華であった。とは言えスイス兵の当初の優越も短命に終わる。すでに一六世紀の最初の数十年間に南部ドイツが、スイス兵に負けず劣らず優秀な歩兵隊の培養地となっている。このドイツ歩兵はランツクネヒトと称されている。[*24] しかし彼らの名声も長くは続かない。この世紀の後半にはスペインのテルシオ部隊の強健な歩兵が登場し、疑うべくもない優越性を示すに至る。彼らはフランドルにおける、果てしのない戦に駆り出されたのであった。ただし以下に検討するスペイン君主国の経済的困難により、テルシオの古参兵が己が名声に匹敵する給料を獲得することは、阻まれてしまうことになろう。

図6　17世紀の傭兵

このようなエリート部隊への所属は、単によい稼ぎを保証したにとどまらない。中世の騎士と比べた場合、近世初頭の兵士が慎ましい社会的待遇しか享受できなかったことは当然だった。しかし彼らはその一方で、旧体制（ancien régime）期のプロレタリア兵士とは一線を画す存在でもあった。どこでも兵士たちは、自分が百姓や職人より高い身分の存在であると思われたがった。そのために彼らは、郷士と紛うばかりの豪奢な装いを身にまとい、自身を誇示したものだ。そのことにつき同時代人は、「最も下級の長槍兵ですらおのおの、その武具と衣装において自身の伍長達と張り合おうとするどころか、実に自身の隊長達とすら張り合おうとしている」と証言している（図6）。一六世紀のこの現実の中で、兵士は自分が特権的〈身分〉（stato）を有していると、勘違いするようになっていく。彼らの振る舞いには、己が貴族性を誇示しつつ傭兵隊へと身を投じた、中世後期の自由な専業者の香りが立ち籠めている。換言すればそこには、命と引き替えに君侯の御用を勤めることから栄誉を引き出した、郷士達の余光が残っていた。スペイン軍において〈兵隊さん〉（señores soldados）はその将校たちと共に、奉仕と栄誉をめぐる共通のイデオロギーを分かち合っている。それどころか一六三二年、三十年戦争中のリュッツェンの戦い*25においてスウェーデン王グスタフ・アドルフは、「わが忠実にして栄誉ある兄弟たち」たる兵士どもに演説をぶつことができた。これは後の時代に主権者の口の端から登ることなど、考えることもできないような台詞だ。

だがこの時期の雑兵たちが享受した軍事的条件の嚇々たる光輝は、永続するものではなかった。ヨーロッパの〈熱い〉境界線――中でもカトリック世界とプロテスタント世界のフランドルにおける境界線――の上で常態と化した憎悪の持続は、戦争から短期間で収益性の高い冒険としての性格を取り去ってしまう。それゆえ一六世紀の時流の中で、兵士たちにとり好ましくないイメージが、世間の信用を博するようになっていく。もっともこうしたイメージは長らくいろいろな場面で、なかんずく教会人や市民が関与する場面で通用していたものだ。こうした人々は以前から、兵士を怠惰と戦利品に目の眩んだ哀れな生業で、もし真面目な人であればなんびとでも、そんなものに身を投じたいとは思わないだろうと主張し続けていた。彼らは兵士たちを、戦利品と引き替えにかかる境遇を進んで堪え忍ぶ不義な連中と目していた。

技術的進化もまた、兵士の社会的零落に寄与している。というのも火縄銃もマスケット銃も、長槍とは異なり操作の習得に、数時間の練習しか必要としないものであるからである。傭兵契約についても歩兵の発言権は、次第に削りとられていく。こうした彼らの発言権の衰弱にともない、支払われる給金もまた削減されることとなる。各国政府は軍事支出の際限ない増大に、ほんとうに切羽詰まっていたのだ。一六世紀初頭の長槍兵一名の給料は、ささやかながらも一人の紳士を作り出すに足る程度のものであった。だが世紀の終わりになると、人夫一人の給料以下にまでそれは削減されてしまう。こうした給与上の淪落は、兵士の社会的条件の破滅的帰結を呼び起こす。兵士に応募することはもはや、栄誉ある生業につくことではなくなる。むしろそれは乞食に身を落とすか犯罪人になるかの、一歩手前の窮余の策になり果てた。大軍は今や「人間のくず」により、やっとのことで成り立つところにまで追いやられていた。彼らは、シェイクスピアの『ヘンリー四世』においてジョン・フォルスタッフ卿が、「火薬の餌、蛆虫の餌」と皮肉を込めて呼び慣わしたような存在だったのである。

2―3　募兵と組織

2―3―1　起業家と国家

歴史家たちはこれまで、一五世紀のもろもろの君主国における常備軍形成の努力に、力点を置き過ぎてきた。彼らは旧体制《アンシャン・レジーム》期の常備軍の起源を、そこに何としてでも見出そうと力んでしまう。だが現実にはこのような試みは、至るところで早々と行き詰まってしまうであろう。というのもこうした軍隊は、当時の政府の能力を超える行政組織を要求するものだからだ。と同時にまた、貴族から徴集される重騎兵と共同体に拘束される長弓兵という、当時の国家に提供される戦闘員の性格が、軍事技術の進化に対し時代錯誤なものになってしまっていたからでもある。一六世紀と一七世紀には常備軍は存在しなかった。論者によってはスペインのフランドル方面軍こそが、このような常備軍の濫觴だったと称されている。オランダ独立戦争はそれにより一世紀以上にわたり、世界の半分を相手に繰り広げられた。そしてスペインのフランドル方面軍という、この間断なき戦争に雇用された古参兵からなる精強な軍隊は、兵卒の不断の徴集によって維持された。だが現実にはこのフランドル方面軍の場合ですら、恒常的組織と言えるのは、資金の支払いや軍勢の宿営を確保するための官署だけであった。個別の部隊は、当時のヨーロッパ各地に支配的だった制度に基づき徴集され、補給を受けている。それは混合的制度とでも言うべきものであった。この時代こそは実に、国家により支援された個人的大起業家の支配する時代と称し得るのだ。

過去と同様、兵士たちと最も直接的に契約を結ぶ起業家こそが、依然として部隊長であった。この部隊長とは、平時に小隊を募集し戦時にそれを個人的に指揮することにより、己れに最高額を提供してくれる者に対する忠勤へと、それを差し出す貴族にこそ他ならない。だが大君主国の次第に精緻となりまさる官僚機構に支配されるヨーロッパにおいて、単純な傭兵の競売の余地は次第に狭められていく。いかなる政府もその領土内において、自国の臣民を無縁の土地に引率するため、一個人が徴募したりすることを認めるはずもない。その個人がたとえ何者であるにもせよだ。それが敵国に対する奉仕のためともなれば、言うも愚かなことであろう。それに代わって生じたのは、部隊長個々人の背後に回って、大企業主が活動するという事態である。大企業主は自身の奉仕を政府に提供し、厳格な契約に基づき一定数の武力を徴募しそれを武装させることを請け負う。この場合、起業家の軍事的能力が資本を自在にする力や組織上の効率性、良き人脈などに依存していたのは明らかであろう。他方個別の部隊長はこうしたより大規模な起業家の代理、ないしは手代へと転身を図りつつあった。

事業は巨大であり、しかも我々がいま取り上げている期間中、その増大を止めることはなかった。なぜなら、効率的な官僚組織の欠如の故に軍隊の徴募にあたり諸国家は、常に私的起業家に頼ることを必要としたからである。一六世紀の初頭にはまだ、麾下を団結させるべく、起業家が兵士たちを戦争へと親率することが必要とされた。たとえ最も重大なその関心事が事業の経済的側面に存したとしてもだ。ゲオルグ・フォン・フルンズベルグ将軍は、[*26] カール五世治下のイタリアにおける、ランツクネヒト軍の指揮官として名声を博している。その彼も自身の生業を元手に、大銀行家顔負けの豪富を蓄積した。アルブレヒト・フォン・ヴァレンシュタイン[*27]は三十年戦争時代、最大の軍事企業家であった。彼は当時の諸侯の大半より、富裕かつ強大だったのである。今日、最も強大な銀行資本の代表者がなし得るのと同様に、彼らは各国政府と交渉をおこなうことができた。ヴァレンシュタインの財力に対する信用は、当時の主要な銀行家たちのもとですら絶大であった。この信用を背景に彼は、自身の支出により自身の軍隊を徴募し、それに自身の工場で生産した軍服を着せ、自身の工場で生産した武器を装備させた。つまりこのようにして彼は兵士たちを、彼の主要なパートナーである皇帝が即座に活用できるよう提供したのである。ヴァレンシュタインはその奉仕の代償として、自身が徴募した皇帝軍の全軍指揮権を獲得すべく交渉を重ねた。それは彼の個人的志向や政治的野心に基づくものであった。だがそうした側面に関して言えば、戦場には一歩も足を踏み入れない企業家もいた。彼は自身の活動範囲を複雑な財政交渉に限定し、提供を合意した部隊を依頼主に一任してしまっているのだ。

この時代、あらゆる戦争はなんらかの意味で宗教戦争であった。それゆえカトリック信徒対プロテスタント信徒といった宗教的帰属が、きわめて重視されていたように見える。だがこのような宗教的帰属は表向きのことに過ぎない。大起業家により先に述べたようなやり方で徴募された軍隊は、明白に国際的な構成を有している。一五八八年と言えば周知のように、〈無敵艦隊〉として知られるスペイン艦隊がイギリス侵攻に失敗した年である。この年のスペインのフランドル方面軍はその一五・八%がスペイン人、九・六%がイタリア人、三二・三%がワロン人すなわちフランドルのカトリック信徒、二〇・五%が中南部ドイツ出身の高地ドイツ語をしゃべるドイツ人、一五・六%がライン流域や北ドイツ出身の低地ドイツ語をしゃべるドイツ人、さらに五・九%をブルゴーニュ人やスコットランド人そしてアイルランド人が占めていた。

よい支払いをする者に見境無く技能を供して戦う気構え十分な傭兵も、いったんスペイン王の御用を勤めテルシオ軍団に編成されてしまえば、もはや傭兵とはみなされなくなる。このことは直近の過去と比較すれば、ある種の進歩を示すものと言えよう。一五六二年になってもまだ、フランス国内で対立するプロテスタントとカトリックの間で戦われたドルーの戦いで両派は、それぞれの麾下にスイス兵やランツクネヒト兵を動員している。だがスイス兵たちは敵陣内に互いを認め合うや、「槍を下に置いて向かい合い、敵に打撃を与えることなど全くなかった」。他方すべからくプロテスタント教徒で統一されたランツクネヒト兵も、敵味方に分かれて対峙する段となると、目撃者の証言によれば「こう言ってよければ空中に射撃したのである」。だが現実には、このような事態は次第に稀なものとなっていく。軍隊徴募の私的企業精神は、今や国家に支援されるものとなっていた。そしてこのような官僚主義的努力を通じ、伝統的傭兵制度の落日と未来の常備軍の真の起源が目前に迫ってきた。

軍隊編成上の国家の仕事は、企業家と契約を調印することだけにとどまらない。加えて軍法を司り部隊を目録化し、とりわけても傭兵部隊の落札後、これに給料を支払うことが必要であった。スペインのフランドル方面軍は長期にわたるその歴史において、反乱を何度となく引き起こしている。その原因はひとえに給料の遅配にあった。彼らの給料はこのような反乱を不可避とするほどに少額で、かつ遅れがちだったのだ。この事実は疑う余地がない。こうした問題に対処すべくなされた行政的努力の結果、あらゆる国家的官署において軍事支出を取り扱う諸部局が、ますます幅を利かすようになっていったほどである。ともあれ一六―一七世紀の軍隊は、〈旧体制《アンシャン・レジーム》〉下の軍隊とは未だ比較にもならぬ存在に過ぎない。後者においては国王こそがその兵士に制服や武器を供給したのみならず、少なくとも戦役中は糧食や宿泊先を提供する責任をも担ったからである。だが未だ前者にあっては、兵士に制服を着せ、また武器を提供する任務は、政府と企業家の慣習的取り決めにより管理されていたにとどまる。前者の時代の軍隊において兵士たちは一度支払いを受けてしまうや、糧食と居住地に関する限り、自分で適当にやりくりしなければならなかったのである。にもかかわらず兵士たちは、かたちの上ばかりとは言え、ともかくも王の支払簿に記載される存在となった。そしてこうした存在として彼らは次第に、傭兵などとは単純に比較し難い存在へと転化したのである。

2―3―2　国民軍

企業家が徴募した志願兵に加えて一六世紀の国家は、半常備軍的な民兵隊を組織しようと努めてもいる。地域自治体はその規模に応じてこの民兵隊に兵員を拠出し、彼等に軍需を供給することを義務づけられていた。伝統的原理によれば、全て臣民は祖国防衛のため主権者からの召集に応えねばならない。上記の民兵隊は法的には、このような伝統的原理の上に基礎づけられている。つまりこの民兵隊は、中世における地域的部隊の召集を特色づける臨時的性格を共有するものであった。だがこの頃になると為政者は、民兵隊の臨時的性格の克服を目指すようになっていく。その基礎理念とはすなわち、地域共同体の一〇－一二世帯ごとに一人の兵士を選抜し、これらの世帯が彼に対し責任をもって補給をおこなうことであった。その場合この兵士は必ずしも徴兵制度に基づかず、適当に採用された志願兵であっても構わなかった。このような兵士により編成された部隊は、定期的に集結し閲兵を受ける。これはその軍容につき、彼らを差配する政府軍監の点検を受けるためである。そして各人はこの機会を利用して、共同体から適切なあり方で補給を受けていることを政府軍監に証明して、集団訓練に参加することを要求される。一五六〇年以降にピエモンテ[*28]のエマヌエレ・フィリベルト公[*29]は、〈郷土民兵隊〉（milizia paesana）[*30]を組織した。これはヴェネツィアの〈選抜兵〉（cernide）[*31]と共に、イタリアにおけるこうした性格をもつ軍組織のうち、最も著名なお手本であった。だがこれらに類似した性格の兵種は、当時のヨーロッパの国々に数多く存在した。例えば、エリザベス朝英国のものがそれだ。彼らはブリテン島を、スペインの侵略から防衛する任務を託された部隊なのである。

すでにマキアヴェッリはイタリア諸国の軍事的劣勢の原因を、「自身の武力」（arme propire）の欠如に帰していた。これは換言すれば、外国出身の傭兵隊に依存しすぎることに対する不信を意味する。この時以降国民民兵隊の原理は、知識人の世界において大好評を博すに至る。諸政府も民兵隊の隊員に対し、武器の携帯許可や税の減免措置など数多くの恩典を与えている。こうした応急的夫役への積極的参与を割り当てられた人々を、鼓舞するために他ならない。各国政府のかかる努力の積み重ねを通じ民兵隊は、その臣民にとり次第になじみ深いものとなるであろう。だが一六世紀のヨーロッパは、経済的な大拡張の最中にあった。このような状況下において、民兵隊参加のような夫役の強要は全くもって評判が悪かった。民兵隊には将校として多くの貴族が配属された。彼らにとって民兵隊の創設とはすなわち、己が獲得すべき新たな職務や官位、給金や年金以外の何物でもなかった。他方伝統的で純粋な民兵隊は、出身共同体がそこに大喜びで放り込んでしまうような、無頼漢どもだけで編成されかねない。さもなければめったに動員されることがなかったのは、こうした民兵隊が、現実の軍事的有効性を発揮し得ないが故に他ならない。

民兵隊創設にはその代償として、多大な財政支出や臣民への政治的特権の提供が不可欠なのだ。一七世紀に至る頃には各国政府はすでに、このことをよく理解するに至っていた。そしてこれら諸政府はかかる支出や代償の負担が、民兵隊から引き出すことのできる利点を上回るものだと、得心しはじめたのである。たとえこうした民兵軍制度の全てが、直ちに雲散霧消してしまった訳ではないとしても、民兵隊の配置の全貌は単に紙の上に存するに過ぎなかった。この世紀の終わりにスペイン王は、民兵隊員として登録される五〇万の人民を擁したことになる。だがこのうち実際武装させていたのは、わずか八分の一に過ぎない。一六世紀末に国民の軍事奉仕の積極的活用法を心得ていた、ほとんど唯一の国がスウェーデンであった。こうした活用法こそは、軍事制度の将来を的確に予見するものに他ならない。

三〇年戦争の最中においてもなおこの国は、籤引きに当たった農夫たちに王への武装奉仕という義務を墨守させている。この国においては自治体による民兵隊の編成に代わり、国家が徴募者を戦闘部隊へと直接編成していたのだ。そのあらゆる側面においてそれは、次の時代に出現する義務徴兵制を予示している。だがこのスウェーデンにおける状況は、あくまで例外に過ぎない。その保有する人的資源の潜在力を踏まえた時、この小王国はごく一瞬の間だけ、分不相応な軍事的役割を演じることができたわけである。スウェーデンの義務徴兵制は、それを範例とは見なし難いと判断されるほどに、この国の経済と人口動態に有害な影響を与えることとなるであろう。

2―3―3　小隊と連隊

組織構成から見れば当時の軍隊は依然として、諸小隊の集合体でしかない。アレッサンドロ・ファルネーゼは、[*32]低地諸国《ネーデルラント》におけるスペイン軍の総司令官を務めた。彼は自身の軍団の現状に関する報告の中でスペイン王フェリーペ二世に対し、それを構成する〈軍旗〉（stendardi）の数を民族ごとに数え上げている。それによればイタリア人歩兵隊は、五九の〈旗〉の下に五三三九名を数える。換言すれば当時の各小隊はそれぞれ、小隊長に指揮される自立した行政単位だったのだ。それには軍旗が授与され、また戦役中はしばしば一〇〇名以下に減少してしまうものの、一定数の兵士が所属することになっていた。

もっとも募兵当初はこうした部隊も、より多数の兵員を要する強力な部隊と想定されていた。一方このスペイン軍の兵士は全員、小隊配属兵として登録されている。国家の資金は、小隊長たちを通じて分配されることと定められていた。他方小隊長たちは各々の小隊に対し、企業家あるいはその所有者として臨み続けることともなろう。

先述のように戦場において、近代的大隊の濫觴となるような複合的編成が出現していた。こうした編成の実現のため将軍には、複数の小隊を集結させる必要があった。だがこうした再編成がいかにして可能であったか、今日我々はほとんど理解することができない。小隊はそれぞれその内部に、一定数の長槍兵や火縄銃兵を配備していた。こうした小隊から大隊を構成するためには、かかる小隊内の各兵種をいったんばらばらにしなければならない。それを大隊内部で兵種ごとに、再統合するために他ならない。だがこうした大隊が、あくまで例外的なものであったことを忘れてはなるまい。それは必ずしも正規の軍制ではなかったのである。当時の戦争は行軍と野営、そして包囲という辛気くさい日常によって成り立っていた。そしてこうした日常において、小隊は単に行政的というにとどまらず、実践的単位であり続けていたのだ。

しかし同時にまさにこの三〇年戦争という時代に、連隊という新たな軍事組織が登場してくる。軍事企業家は、その同意を介して一定数の小隊を国家に委託するのが常であった。だがこうした傭兵企業家にしても、時には同時に軍人でもあった。こうした企業家が戦場で、自分の諸小隊を親しく指揮する場合も少なくないのだ。そしてこの場合かかる企業家は、雇用主たる国家から「連隊長」の位階を与えられることにより、これらの諸小隊全体を己が支配下に置くことを望んだのである。「連隊長」麾下のこうした連隊は最小で五、六個小隊、最大で一〇―一二個小隊により編成される。連隊は状況に応じスペインのテルシオ軍の場合のように、戦場の単位として機能した。他方こうした連隊が、もっぱら軍政的観点から導入されたという側面も見逃せない。なぜなら戦場において連隊よりむしろ効果的な大隊のほうが、各軍の戦術的基本単位となる傾向が少なくなかったからだ。いずれにせよ〈連隊〉というものは軍事単位として、すでにそのアイデンティティーを獲得していた。かかるアイデンティティーは部隊の所有主たる連隊長が自身の兵士に対し、同一色の制服を着用させたという事実からも明白に窺えよう。

これこそ軍服の起源に他ならない。それは次章にみるように、各連隊のみならず全軍を通じ普及していく。制服以外にも一八世紀後半にはその他いろいろな新事象が、軍全体に導入されるようになっていた。だがこうした新事象も、まずは各連隊という次元で生じてきたのである。その事例のひとつが訓練だ。兵士たる者、己が武器の使用に練達というばかりでは十分ではない。個人個人の武器の操作の訓練に先立ち、集団全体の機械的訓練が欠かせない。こうした機械的集団訓練を通じて、武器を全体で一斉に操作することを習得しなければならぬという、新たな理念が受容されるようになってきた。すでに言及したように一六―一七世紀の間に、軍事教練を取り扱う最初の手引き書が刊行されはじめていた。そこにおいては長槍やマスケット銃の操作が、そしてまた小隊や大隊の行動が機械的図式へと還元されている。とはいえ各連隊長は、軍事訓練上自分流のあれこれを兵士に強制する自由を、依然己れに留保していた。次章に言及するルイ一四世の御代、標準化された大軍隊がはじめて登場する。そのときになって初めて、これまで連隊それぞれ固有のものであった動作の斉一性が、軍全体の動作の斉一性として広く受容されることとなるであろう。

2―4　戦術

2―4―1　数的増大

一五世紀から一六世紀にかけヨーロッパの諸君主国は、前代に比し明らかに巨大な財政的能力を駆使するようになる。こうした諸君主国の強大化は、官僚機構の漸進的発展と増大する税収に基づくものであった。他方、新大陸植民地からの金銀の莫大な流入により、当時のヨーロッパ経済は目覚ましい発展を遂げつつある。そして王の課税が、この目覚ましく発展する各国経済にも課せられたことは言うまでもない。戦場で対峙する各国の軍事力の劇的急上昇がそこから生じる。一五二五年パヴィアを包囲したフランスの軍勢は、歩兵二万三千と騎兵八千により構成されていた。一方、これを撃破したスペイン勢

図7　パヴィアの戦い

は二万の歩兵と五千の騎兵を擁している（図7）。この数値は我々の目には、きわめて慎ましやかなものにしか見えない。しかしそれは一五世紀の戦争における各国の動員兵力と比べた場合、とてつもなく巨大であった。各国はこうした野戦軍の他に、数多い要塞の守備隊に少なからぬ兵員を割いていた。そして野戦軍の場合に確認されたのと同様な大幅な増員が、平時に各政府が守備隊編成のため雇用する兵員の数においても確認される。守備隊要員のための雇用費用は後期中世国家の収支決算においては、比較的少額で済んでいた。だが後段で確認するように、要塞建築の発展と砦の戦略的重要性の増大に比例し、次第にそれは馬鹿にならぬ金額へと膨張していく。皇帝カール五世は、その思いのままとなる西インド諸島の資源を元手に、一六世紀の半ば約一五万人の兵士を雇い入れている。彼はこの軍隊をイタリアやフランドルの占領のため維持したが、その大半は守備軍に振り向けられていた。だからカール五世のこの軍隊は、次代に出現する常備軍の理念とは似ても似つかぬものに過ぎなかった。それはこの軍隊を組織的観点より見た場合明らかであろう。だが他方カール五世時代の諸政府が収支決算書上、膨大な軍事費を計上することを余儀なくされるようになったのも事実である。軍事費の支出などしばらく前までは、平時の場合に限れば、あって無きがごときものでしかなかった。

一六世紀に劇的急上昇を遂げた後、規模の面で軍隊はもはやそれ以上に増大することはない。三〇年戦争中でも軍隊の規模は、以前と同一に止まったままだ。一六四三年のラクロワの決戦に際しては、二万四千のフランス軍と一万七千のスペイン軍が対決した。軍隊規模の停滞の原因のひとつは、当時の経済的危機だ。だが一六世紀末ヨーロッパが落ち込んだ人口的危機もまた、こうした停滞のいまひとつの原因と数えることができよう。費用の問題は軍隊規模の拡大にあたり、誰しもが等閑《なおざり》にし得ない限界となっていた。フェリーペ二世のスペイン政府がイギリス侵攻を計画した当初、最適の兵力は三万人の水夫と六万五千人の乗船兵をともなった軍艦五五六隻と算出された。だがこの全軍勢を編成するのに要する費用は、新大陸からスペインに到来する金銀収入四年分に等しかったのである。この支出の規模は、それを支え切ることが全く不可能な金額と言えた。エリザベス一世治下の英国侵入のため一五八八年、〈無敵艦隊《アルマダ》〉が実際に出撃する。だがこの艦隊は一万人の水夫と二万人の乗船兵をともなう、わずか一二八隻の軍艦を擁するに過ぎなかった。それは当初想定された最適規模の艦隊の、三分の一の規模にも届かなくなっている。

だが現実の〈無敵艦隊《アルマダ》〉の規模でも当時としては、馬鹿馬鹿しいまでに空想的な作戦規模と言えた。この遠征が遂には破局に終わったのも、その規模の過大さからみて、むしろ当然のことだったのである。だがもっと合理的目標に則して作戦計画を立案した場合には、この時代の絶対君主国は、必要な戦力を戦場に投入するのに誤るところはなかった。それはまず何よりもこれら君主国の政府が、臣民の生み出す富から財貨をどんどんかき集めたことによる。それればかりではない、これらの政府が戦費調達のためには己が借金も、破産すらも意に介さなかった。だがこの時期の軍隊には、軍費の限界の他にも、その投入兵力の拡大に関し、ある抑止的限界が働いていた。それは官僚制度の不備や兵站組織の欠陥に他ならない。こうした不備や欠陥こそが当時の軍隊を半身不随にしてしまい、それに課せられたある種の敷居を越えることを妨げていたのであった。より大きな兵力を徴募することは、確かに可能ではあっただろう。だがこうした軍隊を定期的に扶養し、それに定期的に給料を支給するのはできない相談であった。かくして戦役中の消耗や疫病そして脱走が、こうした軍隊の兵員減少をただちにもたらすことになる。

一六三二年夏、スウェーデン王グスタフ・アドルフはドイツにおいて、四万五千名の野戦軍を指揮するに至った。これは、この時代のヨーロッパに集結した最大兵力の一例である。とはいえかくも多数の兵士たちを扶養することが、彼の国家の組織力と戦争の舞台となった地域の資源を越えるものであることは明白であった。四万五千という兵力は、当時のいかなるドイツ都市の人口をも上回る規模であった。

だから同年一一月一六日に戦われたリュッツェンの決戦で、彼の麾下に残されたのが、わずか一万八千の兵力に過ぎなかったのも致し方ないところであったろう。

当時プロテスタント諸政府が雇い入れた全軍は、一八万三千人という驚くべき数値に達していた。当時この大兵力の戦場における最高指揮権を握っていたのが、グスタフ・アドルフその人に他ならない。この一八万三千という総兵力を思えば、リュッツェンの決戦における一万八千という投入兵力は、少なすぎる値のようにも思えよう。しかしこの一八万三千の兵力の大半は守備隊に貼り付けられていたり、また戦役の他の地域的諸局面に派遣されたりしていたのだ。換言すれば国家の収支決算書に計上される全軍と、現実に稼働する軍の諸部隊との間には、兵力的にみて驚くほどの不均衡が存在していた。これはひとつには戦術的地平を拡張した結果である。こうした拡張によりひとつの共通の戦争目標への到達を追求しつつも、戦争を多数の前線で同時に展開することが可能となったのである。そしてこの共通の目標とは、グスタフ・アドルフにとってはすなわち驚くべきことに、ハプスブルク・カトリック帝国の打倒に他ならなかった。だが一般的にまさに当時の戦争の概念とは、反経済的な性格を呈するものであった。なぜなら一六―一七世紀の戦争は、ナポレオンが実行したような電撃戦とは全く異なるものだったからである。当時の戦争とはまず何よりも敵の消耗を意図する、苦渋に満ちた対峙に他ならない。それは換言すれば、恐ろしいばかりに費用のかかる事業であった。「(戦争とは今日)より多額の金銭をそこに保持する者が勝ちを占める、ある種の交通と商業」でしかない――一六三〇年、あるスペイン貴族がそう嘆いている。

実情がそのようなものであったとするなら、総兵力と稼働兵力の間の不均衡の原因を、単に資源の欠乏や人口の少なさ、官僚機構の非効率などにのみ求めるべきではあるまい。もちろんこうした諸要因が、それぞれある程度の重要性を有していたことは否定できないであろう。だがそれら以上に刮目して考察するに値する、さらなる要因がある。それはすなわち当時の軍事戦略において、要塞とその包囲が占める計りしれない重要性だ。この要因が作戦のリズムを、不可避的に鈍重なものとしてしまっていた。

2―4―2　要塞と包囲

一五世紀中にもち上がった火器の出現によりもたらされた第一の影響は、既存の要塞の突然の無力化である。最初のカノン砲は、その製造にあまりに費用のかかりすぎる代物だった。その結果としてこの兵器のある種の国家独占が、あらゆる側面において生じることとなる。カノン砲はその運搬のために、牛により引かれる牽引車を多数必要とした（図8）。このことはその移動にともなう動作が、きわめて鈍重だったことを想像させて余りある。発する砲弾の落下速度は実に遅く、発射は心配になるほど安易におこなわれた。こうした制約は、野戦における火器の活用を妨げたに違いない。だがこのような制約も包囲戦に関して言えば、ほとんどあるいは全く問題を生じなかったろう。それが初歩的なものであろう

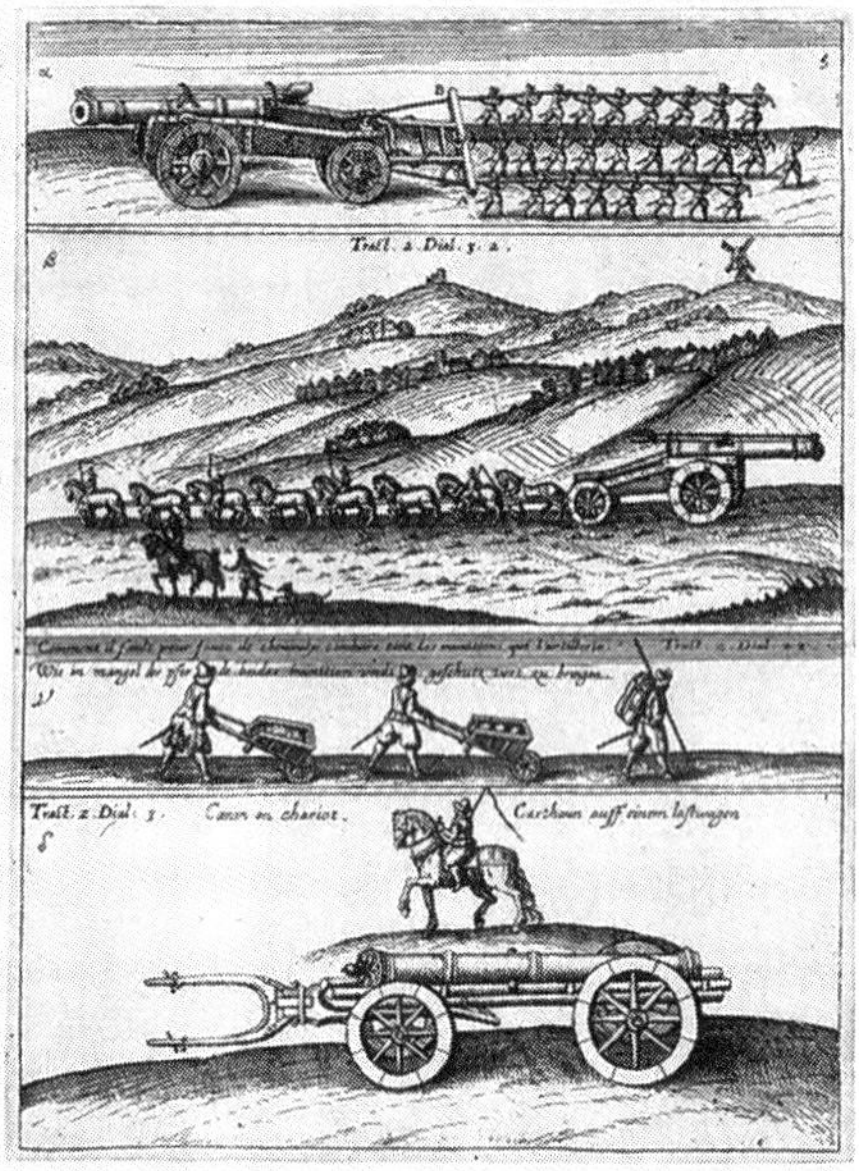

図8　初期のカノン砲

とカノン砲はその発する石弾で、城壁や都市の幕壁を痛打する。その結果わずか数門のカノン砲が数時間で突破口を作り出し、防御側に降伏を強いることができるようになった。包囲戦に参加する砲兵隊の出現はそれゆえ当初、戦役の継続期間を激変させた。それはまた戦略概念の重心を、カノン砲に適した活躍場所を提供できる、大勢力を利する方向へと傾斜させる。一四九四年、シャルル八世はその南下に際しイタリアに、四〇―五〇門ものカノン砲を持ち込んだ。その効果は同時代の観察者たちを仰天させ、フランス軍の侵入に対するイタリア人の抵抗心を打ち砕いてしまう。これらのカノン砲が、当時の技術水準において可能な限り最高の効果を、彼らに見せつけたからに他ならない。中世最初の砲門は鉄を用いて作り出されていた。一方最新のカノン砲は青銅で鋳造されるようになる。[*33] それは以前に比しはるかに費用のかかる技術には違いない。だが他方でそれは前者に比べより安全・確実であるのみならず、同時に軽量で耐久力のある兵器を作り出していく。その結果、化け物のように巨大でほとんど移動不可能なほどの口径は、もはやカノン砲制作にあたり適切な選択とは言えないようになる。いまやカノン砲の口径は以前よりずっと小さくなり、したがってその移動がいっそう容易となった。カノン砲の小径化は、それがより大きな射速を獲得する原因ともなる。このようなカノン砲は、五〇年前の包囲戦用の射石砲*34と比べた時、むしろ近代のカノン砲にずっとよく似たものとなっている。まさにこの時期カノン砲が野戦において恒常的に使用されるに至ったのも、ここから考えるに決して偶然とは言えまい。

だが新兵器の発明そのものが、その対抗手段の探求へと直結してしまう。それは軍事技術の歴史において、太古より不断に生じ続けてきたことに他ならない。その結果として建築家や技術者はこれまで千年の間、砦の最も効率的防御形態であった直線的幕壁を放棄するに至る。彼等はカノン砲の砲弾に対して、より大きな抵抗力を有する城壁構築の研究に着手した。イタリアはその当時、技術的・科学的分野における前衛の地位を占めていた。それゆえ新たな築城技術の開発の分野にでも、この地域が決定的役割を担ったことは言うまでもない。その最初の事例が〈防塞〉(rocca)である。その多くの事例を今日なお、イタリア諸都市に見ることができよう。それは低くまた重厚な円塔を備えた要塞だ。古式通り高くそびえ立つ方形の塔と対比した場合、この円塔はカノン砲の弾丸に対しはるかに強い抵抗力を備えている。同時にこうした〈防塞〉にそれ自身の防御のため、砲兵隊を配置することもできるように設計がなされた。

図９　イタリア式築城（オランダのブルタング要塞）

その後も弾道学の研究は進歩を続けていった。その結果一六世紀初頭には以前に比べはるかに進歩した、城壁の革新的な形態がヨーロッパ中を風靡するようになる。これこそがイタリアにおいては「当世流」と称され、海外においては「イタリア式」として知られた要塞建築の手法である（図9）。城壁はいまや低くまた分厚いものとなり、弾丸の衝撃を吸収すべく土塁により補強された。そしてそのような城壁からは短い間隔をとって、稜堡と称される三角形の突起が突き出ている。稜堡は築城における膨大な作業により造成された土塁からなり、弾丸の衝撃を最小限にとどめるべく十分に計算された角度を与えられていた。こうした稜堡に付設された砲台にカノン砲や火縄銃が、包囲軍を射程圏に収めるべく配置されている。火器を設置する理由はひとつには、包囲軍に対抗するためである。従来の戦法に従えば包囲軍は、その強襲による奪取を企図し要塞に接近する。火器は接近する包囲軍を射程に収めることにより、包囲軍のこうした接近を阻止するのだ。だが防御側の火器利用のいまひとつの目的は、包囲軍側での砲兵隊の設置を妨害する点に存した。

防衛作業に資金を投じる心構えのある諸政府は、壕により間隔を設けられ稜堡をともなった二重の城壁により、都市を包み込むことができるようになった。こうした建設工事に広々とした作業空間が必要となることは論を俟たない。一六－一七世紀の都市の恐らく最も驚くべき特徴は、まさにこの点に求められよう。今日なお我々はこうした一六－一七世紀の都市の特徴を、当時の地形図や市街図の上に確認することができる。パリの廃兵院《アンヴァリッド》（l'Hôtel des Inavalides）*35にはある模型がある。それはルイ一四世が寄贈したもので、フランス王国全土の砲台の配置を再現したものだ。こうした模型中にも、一六－一七世紀の都市のかかる特徴を確認することができる。こうした特徴を見るたびに我々は、賛嘆の念を抱くことを禁じ得ない。そこに見出される都市の特徴とはすなわち、包囲体制をとる敵軍に対する防衛側の体制の全容が、都市のみにとどまらずその周辺部まで拡張されていることであろう。こうした防御体制の全容に刻印されているのが、星形というそれ自体紛う方なき形態に他ならない。壮大な防衛体制の整備が、国家財政に信じ難いほどの負担を押し付けていたことは想像に難くない。都市に隣接して城塞を設置することは、都市全体を包む稜堡を建設することに代わる、より経済的に負担の少ない手法であった。そこで隣接城塞を建設するというこの手法は、比較的財力の乏しい国の政府に積極的に導入されるよう

図10　フィレンツェのバッソ要塞

になる（図10）。実はかような都市の隣接城塞そのものが、稜堡を備えた要塞都市の縮小版に他ならなかった。なぜなら都市の隣接城塞自体が、稜堡をともなう城壁に保護されており、敵軍が都市を占領した場合でも、それ自体で自立的に抵抗を維持し得たからである。

各国政府が都市の要塞化や、それ以上に国境の砲台の要塞化に注入した資金は巨額に達した。それは次第に野戦を作戦計画の一部に組み込みつつ、包囲戦を再び長期にわたり、かつ辛苦に満ちたものへと作りかえる。一五世紀最末年のイタリアにおける戦争は、砲兵隊の新たな威力により支配された電撃戦であった。他方それに続く一六世紀のフランドルを主戦場とする戦争は、いつ果てるとも知れない労苦多い包囲戦の連続する泥沼にはまり込んでしまう。一五世紀後半のイタリアではひとつの砲台に対し包囲戦を仕掛けるため、簡単にその周囲に布陣することができた。その上でそこに梯子を掛けることができるようになるまで、絶え間なく砲撃を続ければそれでよかったのだ。だが今やフランドルの戦争において、

図11　フィレンツェ軍のシエナ包囲

その手は通用しなくなった。砲兵隊を中心に構築された軍事施設の防衛体制は、攻撃側が包囲に着手することを、複雑きわまりない事業へと作りかえる(図11)。この事業は攻撃側に、以前には想像もつかなかったような技術と能力を要求するようになったのだ。攻撃側の砲兵隊を、守備側のそれの射程距離外に移動させることだけでもひと苦労であった。そのためには弾道学による精密な計算が不可欠となる。こうした計算を基礎に攻撃側の塹壕開削と仮設堡塁の設置を、専門家が指導しなければならない。包囲作戦は今や守備軍側と同様に包囲軍側にとっても、時間と金銭と物資を長期間にわたり消耗する、科学的作戦行動へと転化したのだ。

シャベルと鶴嘴を駆使して包囲軍は、その塹壕線の範囲を延伸した。彼らはそれにより防御側へ次第に接近し、敵の反撃を沈黙させるべく設営した方形堡に砲兵中隊を配置した。堡塁化された攻撃側の戦線は、守備側をその威圧下に置くのに役立っただけにとどまらない。それは想定される敵の増援軍の攻撃から、攻撃軍の後背を防御するためにも役立つと考えられた。攻撃側の塹壕線は何十キロメートルにも展開し、壮大な規模を有するようになる。

包囲戦における究極の革新は、実はこうした坑道開削技術の進歩にあった。こうした技術の助けを借りて包囲軍は防御方の稜堡化された城壁の、要となる数ヶ所の地点まで坑道を切り開く。そしてこの地点にまで達するや、そこを爆破することにより城壁を崩壊させたのである。他方守備軍側は対抗坑道を開削したり、なるべく多くの敵の坑道を埋め立ててしまうことにより、包囲方の坑道を無力化しようと試みた。包囲戦に参加した兵隊にとりこうした地鼠のごとき生活は、野戦の戦闘よりずっと過酷で危険な作業であったに違いない。

こうした事情により主要な要塞の包囲は何ヶ月もの、さらに言えば何年もの時間を要する事業となる。この時代の包囲戦が、疫病をその主要な原因とする兵員の著しい損失に加え、軍全体において物資の消耗を引き起こしたことは、想像に難くない。ある都市を包囲下に置くという決定は、この時代においては戦略的な、もっと言えば政治的な重要性を有する行為であった。都市に近代的な防備を施そうとしたり、そこに守備隊を配置して敵に徹底抗戦をしたりする決定も、これと同じようにある種の戦略的、ひいては政治的重要性を帯びてくる。かくして戦役の計画や展開において、野戦以上に包囲が重要視される時代が始まっていく。こうした時代は一八世紀の初頭まで続いた。この時代は、太陽王ルイ一四世の戦争が行われた時期の全体をも含んでいる。この時代における包囲戦の重視に関する、唯一の例外が三〇年戦争であった。この戦争はその大半が、中央ヨーロッパの平原で繰り広げられた。そこではイタリア式築城術はあまり普及してはいない。原因のひとつは、この地域の政府の多くには、イタリア式要塞建設に踏み切るだけの金銭的余裕がなかったことがあげられる。この地域が建築に関する、技術的後進地帯だったことも見逃せない。その結果としてそこでは一撃を加えることにより、ある都市を短期間の内に占領することが、依然可能であり続けた。敵軍の一撃の餌食となった都市は陥落の後、恐るべき掠奪に委ねられること必定であった。それをよく伝えるのが一六三一年のマルデブルグの事例であろう[*36]。この年に帝国軍に攻め込まれたマルデブルグの街は、彼らの略奪行為により二万四千の住民もろとも、廃墟と化してしまったのだ。だがヨーロッパ全体を見渡せば一六―一七世紀の戦争において、核となる局面とは何にもまして、だらだら遷延する包囲戦であった。それこそが当時の戦略の、構想全体を規定する要素なのである。この時代にもパヴィアの戦い（一五二五）やサン・クィンティーノの戦い[*37]（一五五七）、あるいはネルトリンゲンの戦い[*38]（一六三四）、ロクロワの戦い（一六四三）そしてマーストン・ムーアの戦い[*39]（一六四四）など、多くの「決戦」が確認できる。だがこれら多くの「決戦」が、包囲軍と被包囲都市に駆けつけた救援軍との間で交わされるものであったことは、それゆえ決して偶然ではなかったのだ。

2—5　海戦

地中海における海戦と大西洋における海戦の差異は、一六—一七世紀中に次第に明白なものとなってくる。この地中海方面でも当時、艦船や兵器にそれなりの近代化が生じてはいた。だが地中海地域の海戦は本質的には、古代以来用いられた艦船や兵器により戦われるものであった。他方大西洋地域は、航海術と海上戦闘の全面的刷新が生じていた。この海域は、こうした新技術の実験室と化していたのである。

2—5—1　地中海

この時代の地中海では、トルコのスルタンの海軍と北アフリカの蛮族からなる海賊が跳梁跋扈している。この地域における海戦は、こうしたイスラム勢力とカトリック勢力との間で繰り広げられることとなろう。両者の間で最も広く用いられた戦闘艦は、帆と櫂という二重の推進力に頼るガレー船*40であった。遠慮無い断定を下せば、それは古代の三段櫂船とたいして変わり映えのするものではない。だがこのことは、技術的退歩を意味してはいない。地中海性気候において風はそんなに強くなく、また凪がしばしば生ずる。こうした条件を前提とした場合、むしろ帆への全面的依存のほうが、不利をもたらしかねない選択となる。ガレー船は風向きに関係なく、自由自在に出航することができた。それはまたいかなる帆船よりも快速で、戦闘に際しても帆船に十分対抗することが可能だった。地中海海域の海戦の主役はつまるところ、依然としてガレー船だったのである。

とは言え一五世紀以降、ガレー船にも技術的近代化の波が押し寄せてくる。こうした近代化の基軸は何と言っても、そこに何門かの大砲を積載することに存した。大砲の積載場所は主に、船首と船尾に限定されている。なぜなら左右の両船腹は、操舵手たちにより占められていたからだ。ヴェネツィアの艦船技術者たちは、こうした技術的限界の克服に挑戦する。ガレアス船の建造が計画されたのだ。[*41] ガレアス船とはすなわち、大型のガレー船に他ならない。そこには時に五〇門にも及ぶ、多数の大砲が積載できるようになっていた。当時のガレー船と比較した時ガレアス船は、まさに雑魚どもの中における鮫とも称せよう。ところがその建造費用は莫大な額に達したため、ガレアス船を多数配備することは、ヴェネツィア共和国ですら不可能なことであった。その結果ガレー船がその後も、地中海の艦隊の大黒柱たり続ける。小ぶりのガレー船上には、数門以上の大砲を積載することはできない。そしてそのことが、ガレー船に対応する艦載砲の発達を妨げてしまうことにもなる。もちろん大砲はこの地域においても、重要な役割を果たすこととはなろう。だがそれは、この地域の海戦における決め手となるものではなかった。同様のことが、ガレー船上に配置された兵士に支給される火縄銃についても言える。距離を保った艦船の遭遇戦の最中、戦闘の成否を決するのに火縄銃は全く力不足だった。したがって海戦はこれまでと同様に、衝角による衝突と接舷の操作により決せられることとなる。こうした戦闘において積載された部隊の戦力の多寡が、勝敗を左右することは言うまでもない。陸上の戦争と同様に海上の戦争に対しても、諸政府が投入する財源の支出は当時、増加の一途をたどっている。こうした財源の支出の増大は海戦への動員兵力の、啞然とせんばかりの膨張へと帰結した。一五七一年のレパントの海戦*42においては、対決するキリスト教国艦隊とトルコ艦隊の双方合わせて、二五〇〇門の大砲をともなう四〇〇隻のガレー船と一六万人の乗り組み兵が集結させられた。そして驚くべきことに、そのうちの四分の一が戦死したのである。

2―5―2　大洋

この時代の大西洋においてはカトリック国のスペインとポルトガル、そしてプロテスタント国のイギリスとオランダが対峙し合っている。これらの諸勢力は、この海域では主に帆船による航海に投資を集中する。絶えず複雑化する艤装や一本マストから三本マストへの移行、そして総トン数の増大が、新たなタイプの艦船の設計へと直結する。一五世紀末、多数のカノン砲を搭載できるように船首、船尾の司令塔やいくつかの艦橋を備えた強力な艦船が出現した。この手の船はカラック船*[43]（図12）と呼ばれている。それと並んで、より小型だが同様に三本マストのカラベル船*[44]も登場してきた。このタイプの船は総トン数において五〇トンを超えず、乗組員も数十人といった程度。一六世紀半ばにカラック船は、大型ガレオン帆船へと進化することとなろう*[45]（図13）。これはもっと洗練された着想に基づくもので、カラック船より長くかつ低い舷側を有していた。ガレオン船はこのあと急速に、戦闘艦隊の主軸を担うまでになる。

かくのごとく急速な技術の進歩をもたらしたのは、大洋航海の必要性であった。このような大洋航海の必要性は、当時のヨーロッパ諸国民の探検と植民の要求に基づいている。彼らはまさにこの時期、その未来の幸運の濫觴に際会しつつあった。だが航海上の技術革新はすぐさま、その軍事的利用へも転換される。巨大帆船は舷側に沿って、多数

図12　カラック船

図13　ガレオン船

の大砲を積載することを可能とする。それゆえ新型船は従来型のガレー船のそれを、はるかに凌駕する火力を展開させることができるようになった。一六世紀初頭ヨーロッパの艦船の舷側に沿い多数の砲門が開いた時、海洋における戦闘法の歴史に新たな一ページがめくられた。こうした戦闘法は、一九世紀に蒸気船と砲塔に覆われた大砲が出現するまで、支配的手法として君臨し続けていくのである。

艦載砲の可能性が認知されるや否や艦船技術者の努力は、巨大な艦載砲を積載し得る規模の艦船の企画へと傾注されることとなろう。一六世紀の初頭から、海上兵器をめぐる競争は次第に激化していった。こうした競争の結果、積載過多となるほどに多数のカノン砲を積載し得る、堂々たる規模の艦船が建造されるに至る。一例をあげれば、一五一四年イギリス王ヘンリー八世のために建造され、一五五二年まで就役したカラック船〈グレート・ハリー〉号は、総トン数一五〇〇トンで約二〇〇の砲門を備えている。ガレオン船の出現によりこうした巨大化への傾向は、いったんはゆるやかなものとなった。だが一七世紀初頭の絶対制君主国家において、それは従前に勝る熱狂ぶりをもって再開されることとなる。それが軍事的理由によるよりむしろ、君主の威勢を示すという象徴的理由によったことは疑う余地がない。イギリス艦隊の旗艦として一六三七年に進水した〈ソブリン・オブ・ザ・シーズ〉号は、総トン数一五〇〇トン、一〇四門のカノン砲を積載していた。このように増大した砲門はいくつもの艦橋に、列をなして重ねられるように配置された。したがって当時の艦船は操作性と安全性を犠牲にして、腰高で居丈高な姿を示すようになる。この時代の巨艦はその多くが処女航海で出港にすら失敗して、海の藻屑となってしまった。その最も有名な例のひとつが、スウェーデン艦隊の旗艦ヴァーサ号の場合であろう。それは今日復元され、ストックホルムの特別博物館に展示されている。

だがこれらは極端な事例というにとどまる。当時の艦隊はむしろ、艦種間の標準性の無条件の欠如をその大きな欠陥としていた。実を言えばこうした標準性を介してのみ、さまざまの次元の艦船が、いかなる目立った特殊専門化もなしに、うち揃って艦隊行動をとることが可能となるのだ。英国攻略のため一五八八年に出撃したスペイン〈無敵艦隊〉は、一〇〇〇トン級以上の巨大ガレオン船をふくむ一方で、三〇〇トン、四〇〇トンそして五〇〇トン級の中小型ガレオン船をも多数ふくんでいる。こうした中小のガレオン船は二〇—五〇門の大砲を積載し、戦闘部隊を含め二〇〇—五〇〇名の乗員を擁していた。他方イギリス艦隊の所属船は、その大半が直近十年間に建造ないしは改装されていた。それらはトン数でも砲門の数においても、積載人員数においても、スペイン艦隊所属の艦船に平均して立ちまさっていた。にもかかわらずこのイギリス艦隊も同様に、多様で統一性を欠く艦船の集団に過ぎなかったのである。

明白なのは大洋における戦艦の建造が、巨額の資金投下を必要とする事業だったということに他ならない。目立った技術的進歩もないままこうした艦船が、きわめて長期にわたり就役していた事実を説明するのは、まさにこの建造にあたっての巨額の費用という事実なのだ。一五八八年にスペイン〈無敵艦隊〉を撃破したイギリス艦の何隻かは、何と九〇年後においてもなお使用されている。だが、このこと以上に留意しなければならないことがある。すなわちこうした巨額の資金投下や艦船の永続的使用が、公的資金のさらなる投入を要求したということだ。政府所属の工廠に造船所や大砲鋳造所が、次々と建設される。また国家はそれと並行して、艦隊管理を担当する責任官署を創設した。もちろん周知のごとく、当時全ての軍艦が国家の所有下にあった訳ではない。むしろその多くは私的船主に属していた。だがそうは言っても、国家がその艦隊の永続的中核を用意すべきだという原則は、広く是認されたところである。また建造艦船の選定が、政治中枢において取り組まれるべき課題を象徴するという原則も、一般に受け入れられるところであった。

ともあれいったん艦載砲が導入されるや、海軍の戦闘技術が短時日で変貌したと考えるのは、大きな誤りであろう。カノン砲の採用と艦隊における火器の配置が引き起こしたのは、それに対して無関心では済まされないような、理論的かつ実践的な諸問題であった。そして船乗りたちがこうした問題に対し、よりよき解決策を案出するに至るまでには、少なからぬ時間がかかることとなったのである。スペインがイギリス侵入を試みた一六世紀末の時期に至ってもなお、艦載砲の遠距離での使用は効果を発揮するには至らない。その一方、海戦における衝角による追突や接舷による戦法の優位性を説く者は、依然として跡を絶たなかった。大砲の遠距離使用の理論化の先駆者たるイギリス艦隊といえども、実際には恰好の気象条件に支援されなければ、スペイン艦隊を凌駕することには成功しなかったに違いない。

技術的・戦術的進歩の遅々たる歩みにもかかわらず、ヨーロッパの艦船は大洋において一六世紀初頭までには、すでにイスラム諸国や極東諸国の艦船に対し優位に立つようになる。一五〇二年にヴァスコ・ダ・ガマはマラバール沖の海戦*[46]（カリカットの海戦）において、イスラム教徒の大艦隊を撃滅した。ガマの勝因は主に、カラック船やカラベル船に積載した大砲の威力に求められよう。その当時西洋はその最初の植民基地の設営により、世界に攻勢をかけ、自身の優越を誇示しはじめていた。そしてこのマラバール沖の海戦以来、艦隊というものは、西洋がこの優位を実現する原動力のひとつとなっていく。大洋にヨーロッパの覇権が拡張すると共に、海戦の新しい様態も誕生する。すなわち〈私掠〉である。それは起源において、より近代の〈侵掠〉と同じ意味をもつ言葉である。海賊行為というものは常々、あらゆる海域において、当然のことながら存在していた。ある海域においては、未だに存在している。しかしながらここで我々が直面するのは、これとはなにがしか異なったことだ。それはすなわち私企業主が船舶を武装し、敵に属する獲物を追い求めて、大洋を舞台に戦うお墨付きを国家から認可されることに由来する。スペインのガレオン船による新大陸航路の交易は、イギリスとオランダの私掠船による最初の犠牲者であった。だがイギリス商業の漸次的拡大と共に、フランスを筆頭とするイギリスの敵対者たちもまた、私掠船という手段に手広く訴えるのを辞さなかった。こうした私掠船の活動は太陽王ルイ一四世の時代まで、その命脈を保ち続けて行くことになるだろう。

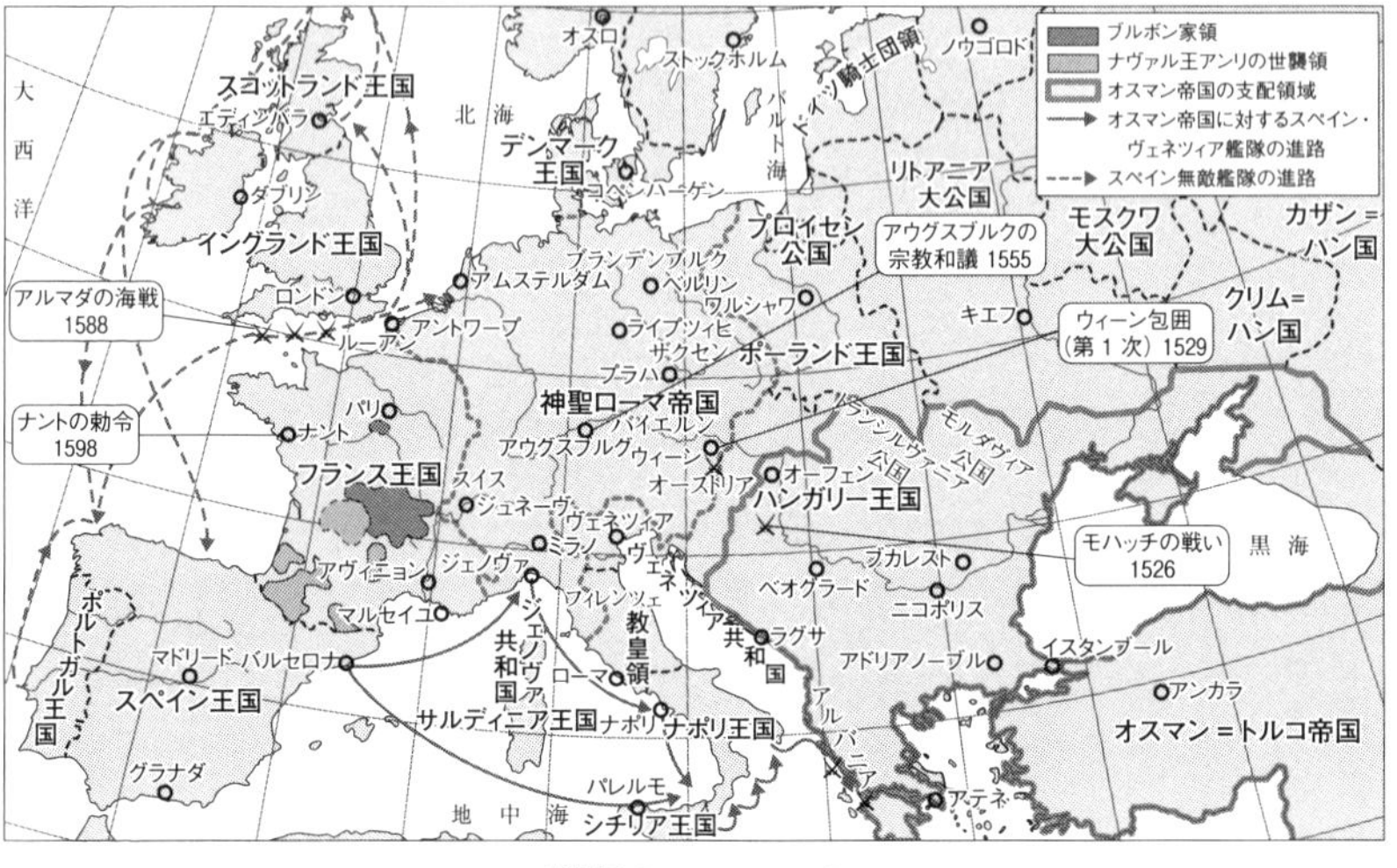
ブルボン家領
ナヴァル王アンリの世襲領
オスマン帝国の支配領域
オスマン帝国に対するスペイン・ヴェネツィア艦隊の進路
スペイン無敵艦隊の進路
大西洋
北海
バルト海
地中海
黒海
スコットランド王国
エディンバラ
ダブリン
イングランド王国
ロンドン
アルマダの海戦 1588
ナントの勅令 1598
ナント
パリ
ルーアン
アントワープ
アムステルダム
フランス王国
デンマーク王国
コペンハーゲン
オスロ
ストックホルム
ドイツ騎士団領
ノウゴロド
リトアニア大公国
モスクワ大公国
カザン＝ハン国
クリム＝ハン国
プロイセン公国
アウグスブルクの宗教和議 1555
ブランデンブルク
ベルリン
ワルシャワ
ライプツィヒ
ザクセン
ポーランド王国
キエフ
ウィーン包囲（第1次）1529
プラハ
神聖ローマ帝国
バイエルン
アウグスブルグ
ウィーン
オーストリア
トランシルヴァニア公国
モルダヴィア公国
オーフェン
ハンガリー王国
モハッチの戦い 1526
スイス
ジュネーヴ
ミラノ
ヴェネツィア
ヴェネツィア
アヴィニョン
ジェノヴァ
ジェノヴァ共和国
マルセイユ
ブカレスト
ベオグラード
ニコポリス
ラグサ共和国
アドリアノーブル
イスタンブール
アンカラ
オスマン＝トルコ帝国
フィレンツェ
教皇領
ローマ
ポルトガル王国
マドリード
バルセロナ
スペイン王国
サルディニア王国
ナポリ
ナポリ王国
アルバニア
グラナダ
パレルモ
シチリア王国
アテネ
16世紀のヨーロッパ

第3章　アンシャン・レジーム期の戦争

3—1　序論

　三〇年戦争と英国名誉革命の期間中、ヨーロッパ諸国の軍事制度は変容の新局面へと突入した。それを指導したのがグスタフ・アドルフやクロムウェル[*1]のような、偉大な指揮官にして国家の頭領たる人物だ。この時代、太陽王ルイ一四世（一六四三—一七一五）治下のフランスは、オランダやイギリス、そして神聖ローマ帝国と抗争し続けている。偉大な指導者たちにより導入された新機軸は、ヨーロッパ大陸全土にわたる、この長期の戦争状態を通じ一般化されていく。絶対君主政ないしは歴史家が通例言う旧体制《アンシャン・レジーム》の登場と共に、こうした新機軸を基礎とする新しい軍事組織と戦争手法が確立される。それはこれ以降一八世紀後半の改良と革命に至るまで、ほとんど変わることが無いであろう。

　この時代の戦争は、先立つ時代の残忍な宗教戦争とは、全く趣を異にするようになっていた。これはひとつには、啓蒙主義の文化が諸政府と将軍たちの行動に対し、深甚なる影響を及ぼしていたことによる。つまりヨーロッパ諸国の戦争は次第に、共通の了解事項に沿って交わされるようになっていくのだ。またこうした共通の了解事項はそれ自体が、科学的かつ文明的なものであると標榜する建前に立脚していた（とはいえそのことは、戦争の血生臭さを妨げるものとは、とうていなり得なかったのだが）。だが、戦争の性格が変質したいまひとつの原因がある。すなわちヨーロッパにおいて政治的均衡が現に実現したことこそ、それである。こうした均衡は多くの小勢力にも増して、いくつかの大勢力をめぐって展開された。相互間の依存に由来する利益が諸政府に、政治的均衡の維持を求めさせるに至る。だがその一方、時として多くの政府はその利己心ゆえに、こうした相互的利益の絆を破ることを躊躇しない。そうした利己心こそが、各国の繰り広げた絶え間ない外交的策謀の原因となった。そして前述のごとき各国による他国との合従連衡は、かかる外交的策謀から産み出されたのである。とりわけある場面において、勢力均衡が劇的に変動する可能性が生じてくる。それはすなわち、ヨーロッパ諸王国のひとつにおいて、王朝交代が差し迫ったまさにその瞬間に他ならない。こうした王朝交代こそが、同盟関係の転換を引き起こしたのだ。旧体制《アンシャン・レジーム》期の主要なヨーロッパ的紛争は、その全てが〈継承〉をめぐる戦争であったが、それは実にこのことに由来する。ルイ一四世の最後にして最大の戦争たるスペイン継承戦争*2（一七〇二―一七一四）は、その代表と言えるだろう。

こうした王朝的紛争は、諸政府相互の間に開かれる秘密会合において、冷静な打算の対象とされる。それゆえこのような紛争が、かつて宗教的紛争が掻き立てたような情熱を、大衆に引き起こせようはずはない。一八世紀の戦争はフランス語で、「レース編みのような戦争」（guerre en dentelle）と呼ばれている。それは半ば喜劇風の調子をともなう、古色蒼然たる繁文縟礼としばしば目されたものだ。啓蒙主義時代において戦争は事実、国家が自在に駆使し得る手段と考えられた。それは文明化された諸国間の、国際的論争を解決するための完全に合法的な手段であった。と同時にこの時代は、哲学的考察が盛りを迎えた時代でもある。それゆえ世人が戦争における残虐さの圧縮を目当てとして、共通規範の形成に努力したのは、さして驚くべきことでも無い。その理念の上で戦争は、政治の一部門であった。それはその発動にあたり、社会や経済に対する否定的影響を最大限回避しつつ、慎重に活用されるべき手段であった。それはあくまでも専門家の仕事に過ぎない。だから市民たちは、戦争の行方をめぐる駄弁にカフェで熱をあげることができた。それればかりではない。二つの国が戦争を開始しても、相互の国民が通商するのに何の支障も無かったし、ある国の国民はその敵国を心静かに旅することもできた。つまり戦争は、人民の集団生活を何ら傷つけずに済む現象だったわけだ。

だが当時の戦争が、単なる見せかけに過ぎなかったという訳ではない。事実この時代、イギリスのマルバラ公[*3]からサヴォイア公子エウジェニオ[*4]そしてプロイセンのフリードリヒ大王に至る、多数の将星が活躍した。そして彼らこそ、ヨーロッパ史上最高の名将たちであった。彼らは当時の他の将軍たちに比べ、いっそう大胆な作戦行動に打って出ていた。またこの頃、マスケット銃の使用が普及してくる。それは当時の軍隊に、従来とは比較にならぬ効果を保障する火器であった。マルバラをはじめこれら当代きっての将星たちは、こうした新兵器を手にした軍隊を率い、しばしば互いに交戦している。彼らの交わした戦いは、域内で史上前例を見ないほど血腥い会戦となった。例えばマルプラケの戦い[*5]（一七〇九）に際し、フランスのヴィラール元帥[*6]に辛勝したマルバラ公の軍は、死傷合わせて二万五千名もの損害を被っている。フリードリヒ大王はツォンドルフの戦い[*7]（一七五八）で、ロシア軍に勝利をおさめた。だがこの勝利の代償に、プロイセン軍は一三〇〇〇人もの死傷者を出した。これはこの戦いに参加した全プロイセン軍の、三分の一にも達する数値だ。他方敗れたロシア軍に至っては、死傷者は実に二万名。これは参戦した兵力の半数に及ぶ。かくのごとき人間の屠殺が、世論に生々しい印象を与えたのは当然であろう。にもかかわらず諸国政府は戦争なる手段に訴えることを、止める素振りさえ見せてはいない。

これまでコスモポリタニズムの塗り絵は、旧体制《アンシャン・レジーム》の諸紛争を覆い隠すものであるかにみなされていた。しかし一八世紀後半以降こうした上塗りははげ落ち、ひび割れを示すようになっていく。なぜならゲームの掛け金はもはやヨーロッパの勢力均衡などにとどまらず、世界の勢力均衡となってきたからだ。フランス・スペイン・イギリスの三国は、植民地支配をめぐり長期にわたり対立を続けてきた。だが七年戦争はこうした対立の、決定的な転換点をもたらすことになる。この戦争においては、広大な範囲で戦闘が繰り広げられた。カナダやインドのような遠隔地での会戦が、戦局の帰趨を左右する決戦となる。この戦争はいくつかの面で幾人かの識者により、初めての世界大戦とすら評された。ヨーロッパ人相互の間では、新大陸アメリカやインド亜大陸においてすら、文明化され制限された戦争規範が厳守される。だが他方で当然のことながら、地域住民との対決が問題となる場合、こうした規範は端から無視されてしまう。かかる残虐性こそが二〇世紀半ばに至るまで、ヨーロッパの植民地戦争の特徴となる。

新大陸アメリカやインド亜大陸の地域住民は、このようなヨーロッパの戦争の最初の犠牲者となる。とすれば目下の章の到達点が、アメリカ独立革命（一七七五－八三）となるのは決して偶然ではない。この戦争は言うまでもなく植民地を舞台に戦われた。そこでイギリス正規軍は、植民地の反逆者どもの軍勢に最初は挑戦され、ついには打ち破られてしまった。かくしてこの戦争こそが、革命戦争とナポレオン戦争の時代の戦争を先駆けるものとなる。すなわちアメリカ独立戦争は、これらの時代に入って戦争が帯びる、新たなるイデオロギー的意味合いをすでに孕んでいた。

3―2　第二次軍事革命

3―2―1　恒常的軍事行政の創出

先行する諸世紀には戦争術革新の推進力は、何にも増して技術的進歩にこそかかっていた。他方一七世紀の戦争遂行の方式の革新は、むしろ行政分野に依存している。この時期の国家は軍の徴兵や組織化、さらには武装の全過程をその手に握ろうとする、新たな意思と能力を持ちはじめていた。一七世紀的な軍事変革の本質はまさに、国家のこの新たな意思と能力に存していた。これは単に戦時中においてのみ言えたことではない。平時にもまた同じことが言えたのである。あらゆる政府が、連隊の徴兵につき私的企業家と契約を交わしたり、作戦終結時には彼らを解雇したりするのを面倒がって、これを避けるようになっていく。それに代わり兵士を直接徴用する途を、これらの政府は選ぶようになった。多数の兵士に食糧や衣服、武器弾薬等々を、前代とは異なり恒常的に補給することもできるようにもなる。それに加えこれら政府は、徴集した兵士に訓練を施す課題にも取り組みはじめていた。新興の絶対君主体制の下、国家財政は議会の不愉快な統制にもはや掣肘されなくなる。そして柔軟性を増したこの国家財政に支えられ、最終的に軍隊は国家組織の恒常的な爪牙へと変貌したのだ。かくして軍隊は今日なおこの時代と同様、国家の爪牙であり続けている。ひとつの軍事革命がグスタフ・アドルフの活躍と太陽王ルイ一四世の統治の間に誕生したと、幾人かの研究者により提唱されるようになったのはこのことによる。我々はそれを「第二次」軍事革命と呼ぼう。このように呼ぶのも、すでに第二章に語った、いまひとつの軍事革命との整合性の見地からである。

そしてこの時代あらゆる国家において、軍事の組織管理業務に従事する官吏や部局、委員会や評議会の数が増大していった。例えば叙上の経緯から、ハプスブルク帝国においては一六五〇年以降、統合戦争審議会（Generalkriegeskommissariat）が活動を開始する。また同帝国において一六七五年には、宮廷戦争参議会（Hofkriegesrat）*8が創設された。戦争の戦略指導がこれらの組織に委ねられたのだ。後期中世から絶対主義時代への時代の転換は、そのあらゆる次元にわたり、多様な行政組織の誕生と生成により特徴づけられていると言えよう。後世の官庁組織は、まさにこの点にその起源を有する。そしてそれは現在においてもなお、我々の耳目を引き寄せているのだ。だがこの時代の国家にとり戦争は、国家収支の主要部分を飲み尽くす、最も重要な活動分野であった。そのことは今日の我々には、もはや想像も及ばぬほどである。随所に出現しつつあった国家部局中には、主要な部局が二つあった。ひとつは兵器の製作や軍隊の徴用、艦船の建造、軍需品の補給を担当する部局。いまひとつは、時に応じさまざまの前線を統御し前線指揮官たちに指令を発する、軍事作戦の指導部局に他ならない。

3―2―2　連隊の誕生

臨時的なものから恒常的ものへの転換は、行政組織のみにとどまらない。それはまた、軍隊全体に波及する傾向であった。ある過程が一七世紀全般を通じて展開してゆく。そしてまたそれが、ある組織をヨーロッパの軍事界に誕生させることとなる。この組織は二〇世紀末に至るまで、軍事界の花形となった。〈連隊〉こそがそれだ。周知のごとくすでに一七世紀初頭、ある一定の規模を擁する隊伍がこのように呼ばれていた。それは数個大隊をまとめた組織で、千人から二千人の兵力をもつ。〈連隊〉は相応の威信を有する軍人により徴募され、彼の指揮下に置かれた。この指揮官のことを大佐と呼ぶ。当時の連隊の実体は、大佐の経営する私的企業体であった。彼は〈連隊〉を組織した上で、彼自身の支出により構成員に軍需品を供給する。その反対給付として彼は、自身の仕える政府から巨額の給与を受け取った。雇用主に必要が無くなれば、各連隊を解散することも珍しくないということはそこに由来する。あるいは事業から撤退しようとする大佐の意向も、連隊解散への原因のひとつとなろう。

だが、あるひとつの連隊を指揮する大佐が死んだり引退したりした際に、別の指揮官にこれを委託して連隊を維持する利点に、各国政府は思い至るようになる。それは一七世紀ヨーロッパに繰り広げられた、恒常的な戦争状態に対処するために他ならない。すでに三〇年戦争の末期には古参の連隊同士が、戦場において相見えるという事態が恒常化しはじめている。こうした連隊は異なる何人もの大佐の下で一〇年、さらにはもっと長期にわたり組織として存続した。諸連隊は、それを指揮する大佐の名をもって呼称されることになる。したがって、その名が変更されることも少なくなかった。だがその一方でこうした連隊に、恒常的な名称を与えることが普及し始める。スウェーデンのグスタフ・アドルフは配下に青色連隊、黄色連隊、赤色連隊、緑色連隊の四個連隊を有した。この名はそれぞれの連隊の、連隊旗の色に由来している。王は戦場でこれらの連隊の定員を、母国から到着する補充兵を逐次投入することにより充塡していた。補充兵たちは政府の意向に沿って徴集され、補給を受けた。この場合連隊長たる大佐は、王直々の任命を受けることとなる。公共財としての連隊の管理のため赴任した彼は、もはや独立した企業家ではなく、むしろ国家の高級官僚の趣を帯びるようになった。

一七世紀半ば以降すべての国において、一定数の連隊を保有する傾向が顕著となっていく。連隊は、軍隊の恒常的組織体を構成するものとなった。たとえ以前と同様、戦時にあたり新連隊が即座に編成されたり、また即座に解散されたりすることがしばしば生じたにしてもだ。大佐個人による連隊の編成権は軍事組織において、数世紀に及んだ慣習あるいは特権である。このような慣習や特権がわずかばかりの衝撃で、簡単に撤廃されることなどあり得なかったことは言うまでもない。また常備連隊において大佐や大尉はこの後も長きにわたり、連隊全体や傘下の大隊の経理を統括し続けた。彼らは隊の経理を自主的に運営し、これを私物化してしまう。その結果彼らは隊の経理から、多大な利権を引き出すことができたのである。その後一八世紀の後半にもなると、彼らを国家の純粋にして単純なる公務員に変貌させるべく、さらなる改革が必要となることだろう。だが次の事実には留意しなければなるまい。君主が一定数の連隊を常備軍として保有するという試みは、専制の香りを強く醸し出す施策である。したがってそれに対する臣民の側からの不信感は、きわめて深いものがあった。だがそれにもかかわらず、こうした常備連隊を保有するため、税収の一部を君主が支出する権利を有するという原理は、急速に受け入れられていったのだ。

新旧システムの交代は、ルイ一四世が手がけた最後の諸戦争の間に、急速に実現されていった。一八世紀初頭には王の私有財産である常備連隊は、私的企業家により臨時に組織された連隊を、ほとんど全ての国の軍隊において数の上で上回るようになる。だが後者が完全に消滅することはなかった。例えば一八世紀末になってすらサルディニア王は、彼らにいくつかの傭兵連隊を編成させるため、必要に応じスイス人の徴兵業者たちに依存する習慣を保ち続けている。だが概して言えばその近代的意味における連隊は、今や至るところで編成されはじめていた。戦争が終結しても軍隊が解散されることなく、兵士たちがそのまま勤務を続けるという現象は、一八世紀の前半期に多くの観察者たちの注目を集めていた。それは省察に値する一方、多少とも論議を惹起しかねない新機軸と目されたのだ（例えば一七三六年にシッピオーネ・マッフェイは、「戦時のそれと同程度の軍備を、平時においても維持する慣習が、私たちの時代に導入された」と評している）。

各国が保有する連隊の数は固定され、世に広く知られるようになった。そしてこの数は、しかるべき立法措置によってのみ変更することを許可される。この連隊数こそが通常、各国の戦力を示す指数となった。ルイ一四世崩御に際しフランスは、一一九個の歩兵連隊を有していた。オーストリア帝国やイギリス、ロシアなど他の列強も、一八世紀中にそれに匹敵する数の連隊をもつに至っている。

いくつかの事例の場合、連隊に恒常的定員を定めることを通じ、軍隊をめぐる新しい状況がよりはっきり浮かび上がる。フランスでは一六世紀の末以来、いくつかの連隊がその名を州県の名から採用していた。ルイ一四世の御代に、この制度が一般化されるに至る。これらの連隊はたとえばピカルディー連隊、シャンパーニュ連隊、ナヴァラ連隊といった名で呼ばれるようになった。だが他のいくつかの諸連隊は相変わらず、それを指揮する大佐の名前により呼ばれ続ける。一方で各連隊はそれと並行して、不動の序列番号をも与えられていた。それはまず第一に、それぞれの連隊の創設年代の古さを反映するものとなる。だがこれに加えて、各連隊間の位階上の優先順位を定めるものとしても機能した。こうした位階上の優先順位こそ、当時の心性においてはきわめて重要なものだったのである。二〇世紀に至るまで、連隊はヨーロッパ社会に特異な地位を占め続けた。そしていくつかの場合こうした連隊の特異な地位は、今日でもなお認知されている。それは軍事的伝統の、熱烈な守護者たることを自負するものだ。ともあれ系譜を辿れば最古の諸連隊は、その創設を一七世紀末に遡ることができよう。まさにこの一七世紀末に、連隊制度が最終的確立をみることになる。例えば今日イタリア最古の連隊は、ニース騎兵連隊（第一連隊）に他ならない。それはサヴォイア公ヴィットリオ・アメデーオ二世[*9]により一六九〇年創設された、「黄竜」竜騎兵連隊の直接の末裔なのだ。

恒常的機関の出現に応じて各国政府が武装させた人間の数は、平時でも大変な勢いで増加してゆく。フーリドリヒ大王崩御の一七八六年、ちっぽけなプロイセン王国は二〇万人の兵力をもつ軍隊を有した。この数はかのカール五世の大帝国がその二〇〇年前に、少なくとも帳簿上に有した兵力を凌駕するものである。そのうえプロイセン軍のこの二〇万という兵力は、太陽王が登極時に麾下に抱えた兵員数をも凌いでいる。ヨーロッパの軍備の新たなる拡張は、まさにルイ一四世の軍隊と共に開始されたのだ。一六九六年、フランス王はおよそ四〇万人もの兵士を武装させていたと考えられる。そしてスペイン継承戦争の終結時に、ヨーロッパ各地の相異なる舞台上で、一三〇万人もの兵士が同時に活動することになるであろう。紛争終結時に不要となった諸連隊が、解散させられなかった訳ではない。ましてやイギリスのように、コストにうるさい議会により支配された国ではなおさらだ。だが多くの絶対君主制国家はむしろ、財政収支にゆとりが生じるたびに新連隊を創設し続けた。

節約の唯一の手段は、諸連隊を平時編制の下にとどめるということである。そして戦役の勃発と同時に、連隊はその最大兵員数を充足した状態、すなわち戦時編制へと引き上げられる。これまでみてきたように伝統的に各国政府は、戦争が接近するやあわてて兵士を徴募し、軍隊を編成することに狂奔していた。だがこの頃になるとこうした伝統的手法に、動員という近代的概念が取って代わる。動員とは既存の組織を戦時態勢へと、短時間の予告によって引き上げることができるような、諸手段の総体に他ならない。その一方で多くの政府は、自国が常備の諸連隊を保有することを通じて、経済的利益を図ろうともした。この場合、諸政府が前代の企業家に取って代わるに至る。こうした諸政府はその保有する諸連隊を金銭と引き替えに、同盟国の自由な使用に委ねたのである。こうした慣習は、アメリカ独立革命の時期まで維持されてゆくこととなろう。この時期多くのドイツ諸侯は、イギリス政府が大西洋の彼方の謀

図1　ドイツ人傭兵（ヘッセン人）

反人と戦うため、彼らの連隊を貸し付けたのであった（アメリカ民衆の語彙で言うところの「ヘッセン人」[*10]がこれである）（図1）。

3―2―3　軍隊の標準化

恒常的機関の誕生は一般にそれだけでは、軍隊に兵舎住まいを定着させる条件とはならなかった。この時代の各連隊は、平時にはその住居を守備隊の駐屯する都市に依存していた。兵士たちは駐屯都市で一般市民向けに貸し出された、ないしは兵士用に無理矢理徴発された居室に住み、ささやかな給料でかろうじて生活を凌いだ。戦争が勃発した時においてのみ、軍の経営計画の立案が各国政府にとり必要とされることになる。このような目的のため各国政府は、大量の穀物をその貯蔵庫に保管していた。軍隊の編成と補給の上で必要なその他の物資の調達活動は、私人の自発的活動に委ねられている。それは例えば、軍馬の飼育や武器弾薬の製造のような活動に他ならない。だがその一方で武器弾薬の製造工場は、ますます厳格となる国家の監督の下に運営された。こうした監督により国家はこの後、軍需工場の活動を奨励すると同時に、それを規制してゆくであろう。フリードリヒ大王治下、プロイセンのポツダムにおかれた主要な軍需工場は、政府により定められた詳細な規則の下で運営されていた。それは年間一万五千丁のマスケット銃を生産した。極度に集権化されたいくつかの国では、軍服の大量生産がその緒に就いていた。グスタフ・アドルフ治下のスウェーデンにそのことが窺えよう。だがこのような状況下にあっても、私的企業家に軍需品の調達を一任するシステムは、依然として一般的であった。

とはいえ諸政府が武器や衣料をその軍に供給することが、この後は次第に普及してゆく。その結果こうした物資の調達を、大佐の恣意に一任する習慣が廃れはじめる。武器や衣料を標準化することが、そのことを通じやっと可能となる。歩兵隊には次第に、同一口径のマスケット銃が配備されはじめる。口径の標準化は実践的見地から、明らかに望ましいものと考えられた。だがこの時代以前にはいかなる政府も、こうした方向に前進することはできなかったのだ。フランスでも国王護衛隊は一七一七年になってようやく、口径一七・五ミリの標準化されたマスケット銃のみを使用するよう規定される。それは、三つの異なる工場から提出されたサンプルの中から、同国の戦争顧問会議が選定した銃であった。同様に一八世紀中にヨーロッパの全ての政府が、武器についての標準モデルを選定するようになる。状況に応じこれらの政府は、自身が定めた標準モデルの変更を指示するようにもなっていく。だが全体を見渡せばかかる変更により、抜本的改良が導入されることはほとんど無かったといっても過言ではない。フランス革命勃発時の軍隊は、長さ約一・五メートル、重量約四キロのマスケット銃を使用していた。だがこの武器は一八世紀初頭のそれと、本質的に何ら異なるところのない代物に過ぎない。

他方、軍服の制式化にともない、二つの問題が同時に解決できることになった。この二つの問題に対してはすでに、以前から見出されていたあるやり方によって、別々にしかも即興的にその解決が図られ

まう。それは軍需物資の欠乏と行政における集中権力の欠如のためだ。だがクロムウェルにより示唆さ袖の折り返しによってのみ区別された。だがこの直後には、かかる統一性に早くも終止符が打たれてし一六四五年に、全軍揃いの赤い制服を身にまとっている。この軍においてある連隊と他の連隊は、襟や革命期に議会側のオリヴァ・クロムウェルが創設した〈新式軍隊〉（New Model Army）であろう。[*11] それはてくる。それは各軍隊の全外観を統一することを意図した。この発想の最初の記録例は恐らく、清教徒

制服が政府により支給されはじめると、それを全面的に同一色で生産するという考えがすぐに登場し

信者との、あらゆる混同を防いでくれるものであったことは想像に難くない。

エズス・マリア」という叫び声と共に攻勢に打って出ている。この雄叫びが、敵であるプロテスタントローマ帝国軍の士官は、紫色の肩章を付けた。またこの帝国に所属するカトリック教徒の軍勢は、「イ問題はそれまで、目印や戦時の合言葉により解決されていた。例えば、多民族により構成された神聖あったこの慣習は、ある軍隊を他から区別する必要性とはいかなる関連もない。兵士相互の所属の識別の兵士のためにまとめて買い入れるのは、まさに大佐自身の仕事だったからだ。だが当時確立しつつ彼らの単なる気まぐれという以上に、実利的配慮にかかわっている。というのも納品業者から制服をそ年戦争の時代に大佐たちは、その兵士らに制服を着せるという考えを高く評価しはじめていた。それは会戦に際して衝突する二つの陣営の兵士たちを、相互に識別できるようにすることに他ならない。三〇てきたのだ。ひとつは、各連隊の兵士に統一したやり方でお仕着せを与えることである。もうひとつは、

れた方向性は、時と共に明瞭なものになってゆく。一七世紀の半ばから末までの間に、各君主国はその歩兵たちの制服につき、他とは区別された一定の色を用いるようになる。イギリス歩兵には常に赤が用いられた。当初は明るい灰色を、後には白を採用したのはオーストリア歩兵だ。プロイセンとスウェーデンの歩兵は青を用いる。くすんだ緑色はロシア歩兵のためのものとなる。たいていの場合こうした各国別の色目の区別は、第一次世界大戦中のカーキ色や灰緑色の制服の登場まで、受け継がれ続けよう。太陽王が己がフランス歩兵隊のため選択した白色のみは、政治的激動の犠牲となってしまった。フランス歩兵の制服の色は、革命中に青に取り替えられてしまったのだ。なぜならこの白色こそは、ブルボン家と象徴的に結び付けられた色であったのだから。

図２　近世ヨーロッパの軍服

軍服と従僕のお仕着せとの間には、その当初から否定し難い類似性が存在していた。それは両者の派手派手しくも色鮮やかな、装飾性という点においてである（図２）。主人から支給された同一の衣服を着込むなど、ヨーロッパでは召使いだけに強要された待遇だった。そこで軍服もまた、従僕の制服の卑賤さを連想させるものと感じられた。長らく将校は服飾に関し一定の自由を保持することを許されたが、それは軍服に対するこのような感情に由来する。こうした一連の特権も、一八世紀中には廃れてしまう。だがその後も将校たちは軍服の調達を、己れ自身の支払いで行い続ける。彼らはこのようなやり方で自分たち自身の栄誉を、ないしはその義務を保持し続けたのだ。その傍ら君主制と軍隊の緊密な連関は、後者に栄誉に満ちた含意を付与することとなった。その結果として早々に、お仕着せと軍服の間の卑しい類似は気にも留められなくなってしまう。ヨーロッパの多くの君主たちは軍服を日常的に着用したばかりか、それを着たままの姿で自身を描かせるようになる。制服を身にまとうということはこれ以降、王と同じ衣服を着用しているということを意味することになった。

3―3　紳士たちと《大地の屑》

常備連隊と共に、今日と同一の意味合いにおける軍務キャリアが出現した。つまり将校として王に対する奉仕に参加し、常勤職としてその地位にとどまり続けることが可能となったのだ。それは政府の指示により統制される経路に従い昇進を重ねつつ、平時と戦時を問わず一生涯にわたるものとなる。今日なお存在する軍隊位階制が確立したのもこの時代であった。大佐はもはや連隊の所有者ではなくなってしまった。彼はそれを指揮すべく王が任命した、高級官僚へと変貌したのである。そうである以上もはや中佐や少佐も、大佐の私的任用による代理人や補佐者であってよいはずがない。彼らの地位身分もまた、王に直接依存するものとなった。より低い地位に関しても同様のことが言えよう。ここで言うより低い地位とはすなわち、大隊指揮官たる大尉やその代理者の中尉のことを指す。上位の将軍や元帥のような軍司令官をふくめ、将校たちは全体としてここに明確な階層を形成するに至る。その相互間の優先順位は法律により規定された。フランスではすでに一六六〇年頃、陸軍大臣ルーヴォワ[*12]がこうした法律を提出している。

一七世紀も末ともなれば各国政府は、その臣民が外国に仕えることを抑制しようとしはじめる。傭兵隊の冒険紳士は、常備軍の専業将校にその席を譲りつつあった。後者はその定義から言っても、特定の王に奉仕する存在であった。彼はもはや、見境無くあらゆる政府に奉仕する存在ではなくなったのだ。封建的義務の終焉の後に軍事貴族階級はしばらくの間、冒険家的隊長たちの汎民族的同胞団を形成していた。だが今や彼らは、王の常備軍の将校団において訓育し直され、編成し直される。こうした軍事貴族たちは、王から付与される特権や保障を手に入れる。これこそは彼らが独立自尊という点で失ったものを、埋め合わせるに足るものとなった。しかしまたいくつかの要素が、軍事環境におけるある種の国際的雰囲気の維持に役立っていた。この点につき我々は、アイルランドや連合王国《イギリス》からのカトリック信者の移住を、一例としてあげることもできよう。なかんずく連合王国《イギリス》のカトリック信者はその信条の故に、その故国において市民権を剝奪された人々である。あるいはオーストリアやプロイセンの大陸軍が、ドイツの無数の領邦国家の貴族に及ぼした吸引力をあげることも可能であろう。もっと言えば、当時の軍隊に残っていたこうした国際的雰囲気の背景に、一八世紀特有の世界市民主義《コスモポリタン》的精神があることを見逃してはなるまい。とは言え時代の深層の潮流が、各国軍の一民族や一言語との同一化へと進みつつあったことは間違いない。この新たな潮流を踏まえた顕著な現象のひとつが、イタリア貴族の軍事的伝統の衰退に他ならない。イタリア貴族たちはこの時代に至るまで、ヨーロッパの戦争に盛んに参加している。それはとりわけ、カトリック諸国の軍隊に勤務するというかたちをとってのことだ。イタリア貴族は従来、これらの軍隊に司令官や高い威信をもつ将校団を提供してきた。だが一八世紀に入ると彼らはだんだん、その母国で無為に過ごすことを余儀なくされるようになっていく。彼らに残されたのは、イタリア小領邦のオペレッタ風の軍隊だけになってしまったのだ。

旧体制の君主国において将校は、さまざまの特権を付与される。今や彼らはこうした特権の下、そのあらゆる職務を介し、王の高級官僚としての姿を浮かび上がらせてきた。当時このような国々の多くには、将校の地位を貴族のみに限定する慣習が、多かれ少なかれ存在している。一八世紀の経過につれ、こうした傾向は、衰弱するどころか次第に強化されていく。その結果一七八一年にフランスでは、ある一部隊が創設された。この部隊においては、少なくとも四世代にわたり貴族であった家系の者でなければ、何人と雖《いえど》も将校たり得ないと定められたのである。この当時、一般には軍の位階は今日のごとく、士官学校での学業や試験成績により授与されたのではない。それは売官を通じて直接に購入されるのでなければ、政府や個々の大佐の好意や推薦を媒介に授与されるものであった。このような慣習はナポレオン戦争時代の英国においてすら、横行していたのである。したがって社会・経済的観点からみれば、将校と軍曹や伍長のごとき下士官の間には、常に越え難い差異が存在していた。前者は立派な紳士として、社会的威信を認められる存在だった。それに対し後者は一般に、叩き上げの兵士でしかなかったのだ。換言すれば後者は前者に比べ、明らかに劣った社会的処遇しか与えられてはいなかった。一般兵士がおかれた処遇が、さらに劣悪なものだったことは論を俟たない。旧体制《アンシャン・レジーム》期の軍隊は、志願兵あるいは今日言うところの専業兵士により編成されている。現在この専業兵士という言葉は、なにがしかのエリート主義的含意を享受する。だが当時この言葉には、そのような含意は微塵もない。兵士とは通常はきわめて長い期間、さらに言えば一生涯、武器を手に戦い続けることを強いられた不運な者たちであった。身請け金を支払うことができない以上、彼らには退役の機会すらなかったからである。

彼らは下僕のような制服の着用を強要され、非人間的な訓練や残酷な肉体的処罰の下に抑圧されていた。にもかかわらず彼らは当時のヨーロッパ経済の繁栄と引き比べ、文無し以外到底首肯しようはずもない安月給を強いられている。すでにルイ一四世の治世には、兵士の募集が飢饉の年にのみスムーズに遂行されることが、よく認識されるようになっていた。これは換言すれば通常の作柄の年には、誰も進んで兵士になどなろうとしないことを意味している。そこでこうした場合しばしば、浮浪者や受刑囚を強制的に入隊させるという奥の手が発動された。つまるところ王の兵隊は現代的専門家としての後光な

図3　ワーテルローの戦い直後のイギリス兵

ど、全く与えられてはいなかったのだ。百年前のスペインのテルシオ軍の〈兵隊さん〉（señores soldados）は、与えられた特権により自分たちを一廉の紳士であると勘違いしていた。だがその一〇〇年後の末裔たる彼らはそのような特権を、いささかなりとも保持することを認められはしなかった。ウェリントン公[*13]は麾下の兵隊どもが〈大地の屑〉から成り立っていると、公言して憚らなかった。彼はナポレオン戦争時代全般を通じ依然多くの側面で、旧体制《アンシャン・レジーム》下の軍隊と変わらぬ軍隊を指揮していたのだ（図3）。

兵士という職業には常にこのような不名誉な、もっと端的に言えば奴隷的な身分を指す含意が込められている。かかる含意はロシアやプロイセンのような国においては、他国に比べてもいっそう顕著なものであった。東ヨーロッパに位置するこれらの国では、近代化は農民大衆の隷属をともなって展開した。大土地所有者たちは君主と共謀し、農奴たちを法により土地に縛りつけた。だがその際に君主は、彼ら農奴たちを自分の軍隊に勤務させる権利を留保したのである。ロシアではこうしたシステムは、ピョートル大帝の改革により採用された。そして皇帝《ツァー》の連隊に肉弾を供給するには、このシステムだけで十分であった。一方プロイセンでは、軍備の巨大さとその保有する人的資源の間に極度の不均衡が存在する。そのためプロイセン王は兵士の供給に、常に窮々とすることを余儀なくされることとなった。結果として王はその軍隊を、強制的に徴発された農民たちだけで編成することを断念せざるを得ない。プロイセンの軍隊はその一部を、大半が外国人である志願兵に頼らざるを得なかったのだ。とはいうものの地域徴兵の厳格なシステムが、王の手中に握られていたことは確かである。現に地域徴兵のシステムが、その必要とする兵士の半数以上を提供している。

これに対し西ヨーロッパ諸国において臣民に課せられた、義務的徴兵制の唯一の形態は依然として民兵に他ならない。それは軍務に適した人々の全てから、応召者を抽選で選抜する制度だ。だがこうした抽選にあたっては、地域住民の有する数限りない免税や特権への考慮を欠かすことができない。現実には一八世紀に入ると民兵という制度は、ほとんど瀕死の状態に陥っている。だが太陽王の御代以来、兵士の調達に対する国家の渇望は際限が無くなっていた。そこで多くの国の政府が、この瀕死の制度に再び活を入れることに思いを致すようになる。一例としてサルディニア王国をあげよう。そこでは伝統的民兵と並行して、地方連隊と呼称される新しい民兵制が導入される。この国は小規模ながらも好戦的な国家で、プロイセン同様、その人的資源に比しかなり巨大な軍隊が維持されていた。この新しい民兵は旧来の民兵と同じく、地方の共同体により抽選で選抜されることとなる。にもかかわらず彼らは、その能力に関し専業の軍隊と同等の働きを期待されていた。イギリスのように議会制をとる王国では、事態はこれと対照的である。この国では民兵につき、戦時に祖国の防衛のために限って動員を許可するという、憲政上の歯止めが課せられていたわけだ。つまりイギリスの国王は、国外に民兵を派遣する大権を有してはいなかった。その結果この国では、対外戦争への民兵の参加は全くみられなかった。これら全ての事例につき、以下のことを想起することが肝要であろう。地域には民兵の資格を満たす候補者は多数いた。だが現実には、地域共同体による抽選を通じその一部のみが、民兵隊に入隊したのである。これこそ当時の民兵制度を、次代の義務徴兵制と根本的に区別する点に他ならない。

3―4　第二次軍事革命の戦術的諸側面

3―4―1　線形戦術[14]

武器の点からみて一七世紀の軍事革命の最も顕著な特徴は、長槍兵の消滅にあった。それはすでに、

図4　銃剣突撃

三〇年戦争中に明らかに始まっていた傾向だ。だがこの世紀の末に、そうした傾向は終着点に到達してしまう。最も保守的な指揮官ですら、長槍兵無しで済ますことができるとの確信を抱くようになる。その最大の原因は銃剣の発明であった(図4)。この頃から歩兵のマスケット銃の銃身に、銃剣が取り付けられるようになる。このことによりよく訓練された歩兵は、白兵戦において騎兵に対抗することが可能となった。原始的な銃剣使用の起源は一六五〇年頃に遡る。だがそれは未だ単に、マスケット銃の銃口に差し込まれる態のものに過ぎなかった。つまりこうした銃剣は、射撃の妨げになるものだったのだ。

当初この不都合はその利点との比較から、目をつぶるべき瑕瑾と考えられていた。ところが一七二〇年頃ある人物が、銃剣に環状物を取り付ける形式に従うことを創案する。こうした工夫により銃剣を、射撃を妨げることなしに銃身に接着することが実現した。この単純な原理に基づく銃剣は、原始的なマスケット銃の銃身にそれが取り付けられた、というだけではない。進化した機銃にそれが取り付けられるようになった今日ですら、その原理にいかなる変化も生じていない。

マスケット銃の完成もまた、長槍兵の消滅に与って力があった。すでに一七世紀の半ばには、それはより軽量かつ高い操作性を備えるに至っていた。こうした改良は扱いにくい銃架を廃止し、それに代わり幅広の銃尾を取り付けることにより実現する。この世紀の末にはまた、いまひとつの重要な変化が銃器について実現した。伝統的な火縄による点火システムがこの頃、火打ち石による点火システムに取って代わられたのだ。後者は前者に比べより実践的、かつ悪天候の影響を蒙ることの少ない点火システムである。そしてこの火打ち石による新しい点火システムは、一九世紀全般にわたり維持されていくこととなろう。これとちょうど同じ頃に薬莢が発明された。これは弾丸とあらかじめ調合された一定量の火薬をふくんだ、紙のカプセルに他ならない。薬莢の発明は装塡操作を、つまりは発射速度を、さらに加速する効果をもたらした。その結果マスケット銃兵隊は長槍兵の支援無しでも、何とか苦境を凌げるようになったと考えられた。今日の武器と比較した場合に当時のマスケット銃は、お話にならない程度の代物でしかない。その有効射程距離は一〇〇メートルを超えることがなかった。そして緊張状態の下で兵士が一分間に一発以上、最大限でも二発以上の発砲を行うことは考えられなかった。それはまた、雨天時には使用不可能になってしまう。にもかかわらず実にマスケット銃こそが、刀剣類に対する火器の優越を不動のものとしたのである。

図5　横隊線形陣形

長槍兵の登場と共に誕生した縦深陣形は、横隊線形陣形（図5）の有する利点を前に最終的に放棄されることとなる。それは歩兵隊が、その突撃力よりも火力を活用するようになったからだ。三十年戦争時代には一個大隊において、その隊員を六段、八段ないしは十段の縦深に配列することが、依然として少なからず実行されていた。だが一七世紀の末にはこうしたことは絶えて無くなり、兵士たちはせいぜい四段から最大でも五段の隊形に配置されるようになる。その果てに一八世紀の中頃には、兵士をわずか三段に配備する、というよりむしろ薄く左右に広げる陣形が、諸国の軍隊に普及していく。縦深ではなく横長に兵員を配置する傾向は、戦場におけるあらゆる軍隊の布陣に採用された。三〇年戦争末期の大隊において皇帝軍の将軍たちは、それ以前と同様に彼らの軍を依然縦深の集塊へと展開した。その時彼らはその両側面や背面に騎兵隊をともないつつ、今日のサッカー戦術の六―五―二ないしは五―二―一のフォーメーションを想起させる陣形に、諸大隊を配列したのである。他方グスタフ・アドルフは、その軍に属する大隊全てをたった二段に配備した。その際中央には歩兵隊が、両翼には騎兵隊が据えられている。グスタフ・アドルフの創案になるこの線形隊形は、最も効果的隊形として万人に直ちに受け入れられることとなろう。*[15] その長所は、それにより前線を可能な限り拡張させることができる点に存した。この前線の拡張という戦術は、火力を活用しつつ敵軍を包囲することを目指すものである。

3―4―2　訓練

線形陣形の導入の結果として軍隊のある種の能力に、次第に重要性が付されるようになっていく。それは軍隊のもつ、完璧に訓練された単一メカニズムとして展開する能力に他ならない。一八世紀は啓蒙的合理主義の時代であると共に、第一次産業革命の生じた時代でもある。軍事思想もまた、道具としての軍隊という理念を追求するようになっていた。それは指令を下す合理的意志に、盲目的に反応する組織である。その帰結としてこの時期には例えば、個々の兵士の訓練にはあまり重きがおかれないようになる。その結果、従来火縄銃兵の主要な訓練であった、目標射撃の訓練が全面的に廃止されるほどであった。他方それに代わり集団的隊列行動の訓練が、いっそう重視されるようになる。かかる訓練を通じ全ユニットが、将校の命令や太鼓の合図に時計さながら、自動的に反応するようになるのだ。その企図は、機械的かつ標準化された一連の行動にしたがって、兵士たちが展開、行進、射撃するところにある（図6）。

並足の行進は今日では、ただパレードにのみ生き残っているようだ。だがそれはこの当時、会戦の場において有効に活用されていた。実は並足の行進こそが、将校たちに配下の兵士たち全員を、あたかも一人の人間でもあるかのごとく操作することを可能にしたのだ。

図6　戦列歩兵

この当時の軍隊には、戦場においてその実行を必要とされるいろいろな動作があった。例えば行軍用の柱状縦隊を、戦闘用の線形横列へと展開することもそのひとつである。そしてこうした全ての動作は、刊行された教則本に沿って導入されている。兵士たちは訓練によりそれらを記憶にたたき込み、自動的機械のように実行に移したわけだ。これと同じことは、兵士が射撃を行う際にも言えることであった。彼らは指揮官が発射の命令を下すや否や、一斉にないしは交互に射撃を行わなければならなかった。そしてこのような統一動作は、まさに行動の自動化により実行に移されたのである。だがそれでも当初は、どの教則本を採用するかの選択に関し連隊長たちはそれぞれ、ある程度の自由裁量権を与えられていた。しかし時代の支配的傾向は、部隊の統一的な行動をよしとしている。したがって一八世紀が進むほどに、唯一の教則の全軍への強要という事態が、至るところで見出されるようになっていく。

集団訓練の重視は軍事的ユニットを、非人間的機械に作りかえてしまった。そこでは自動化された一連の行動の強制的習得に、常に重きがおかれていたのである。旧体制時代の兵士がその下におかれた訓練は、身体的制裁により強制される厳格な訓育により彼らを、一個の機械へと作りかえることを目指している。厳格な訓育の効果により兵士たちは、かかる状況から抜け出そうとすら思わないよう、飼い慣らされてしまう。こうした飼育が効果を発揮するのは、自分自身の動きを、他の数百人に及ぶ戦友のそれと同調させる時のみではない。例えば火薬の装塡やマスケット銃の発射のように、自己裁量による行動であっても、それが効果を発揮したのである。極度に強制的なこのような訓練は、軍事的な合理性からは正当化し得ない。そのことは、当時の少なからぬ識者が指摘したところだ。なぜなら実際の戦場は、緊張と混乱に支配された空間である。それゆえこうした場所において、かかる訓練の成果を実践することとは、きわめて困難なこととなるに違いない。実のところこのような強制的集団訓練の真の目的は、兵士たちに盲目的で自動的な服従を教え込むことに他ならない。こうした訓練により兵士は非個人化され、ありとあらゆる自発性を剝奪され、匿名の人間集団へと溶け込まされてしまう。結局のところ、こうした訓練こそが軍隊を、社会階層の最底辺へと押しやったのである。換言すれば訓練によるこうした兵士の機械化こそが、兵士たちを将校たちから切断する社会的断層を押し広げてしまったのだ。

3－4－3　騎兵隊と砲兵隊

このようにして歩兵は、火力に依拠することをいっそう学び取るようになった。その一方、騎兵もまた衝撃力の再評価により、戦闘において一定の役割を回復してゆく。グスタフ・アドルフ以来火器を有効に活用するという幻想が、重装騎兵については放棄される。彼らは火器を捨て、サーベル一本に依り頼むことに立ち戻った（図7）。清教徒革命の勃発時、議会軍の騎兵隊は主に騎乗火縄銃兵により構成された。他方王党派の騎兵隊は、サーベル突撃というヨーロッパ大陸の新技術により鍛えられていた。その結果議会軍の騎兵隊は王党派の騎兵隊に対し、しばしば敗北を喫することとなる。こうなると前者も後者のサーベル突撃を模倣することに、後れをとるものではない。フランス軍はその戦術的見地において、保守的な傾向をもつ軍隊であった。一八世紀初頭のうちには、そのフランス軍すら自身の戦術上の劣

図7　スウェーデン騎兵

勢を自覚するようになる。ここにおいても旧式のピストルによる旋回陣法《カラコル》は、以後全く以てその姿を絶つ。ただマスケット銃の火力と銃剣の使用により歩兵隊が、段違いに強化されている。それゆえサーベルを装備した騎兵隊にとっても、こうした歩兵隊に打ち勝つことが至難の業となったのは確かだ。騎兵隊の勝機はまさに、敵歩兵隊の陣形に生じた混乱や無秩序を踏まえ、騎兵突撃が成功をおさめる適切な瞬間を見分ける点にかかっていた。騎兵隊を出撃させる好機を見出す能力こそが、戦場の司令官に求められる資質となったのだ。その結果、途方もない費用を要したにもかかわらず各国軍は、重騎兵連隊をある程度維持し続けることとなる。それは依然として、胸甲騎兵と称され続けてゆく。こうした部隊は概して背丈が高い兵士により構成され、鎧兜を身につけ大柄な軍馬に騎乗した。

ともあれ重騎兵が衝撃力に依存し続けたまさにそのために、それと機能を異にする騎乗火縄銃兵もまた存続し続ける。まず何よりも騎乗火縄銃兵の魅力は、重騎兵に比べその維持が廉価であった点に求められた。一七世紀に至るまで、素早く移動した後に下馬し戦闘できるため、彼らはある種の乗馬した歩兵隊として有用と目されたのである。その結果どの国の軍隊もこうした兵種よりなる、竜騎兵という新たな呼称で呼ばれる連隊を若干は維持するようになっていく。だが乗馬する歩兵隊としての竜騎兵の存在は現実には、決して有用なものとは言い難かった。そのため一八世紀に入ると、竜騎兵にマスケット銃を携帯させることが廃止されるようになる。彼らはそれ以後、重装騎兵の廉価版としてのみ活用されるようになっていった。これに対し軽騎兵による主要な任務は、偵察と掠奪という点に求められよう。

オーストリアやロシアのごとき強国は、民族的適性を備えた非正規騎兵を駆使することができた。すなわちロシアが活用したコサック人槍騎兵[*16]やオーストリアのポーランド人〈槍騎兵《ウラーン》〉[*17]、クロアチア人〈軽騎兵《バンドゥール》〉[*18]やハンガリー人〈軽騎兵《ユサール》〉[*19]などだ（図8）。彼らはその敵国の称賛と恐怖の的となった。他の国の軍隊においても、この種の職務を担当する軽騎兵連隊が創設されるようになる。こうした兵種はたいてい身も蓋もなく軽騎兵という単純な名前で呼ばれたが。時にはその呼称と華やかな制服において神聖ローマ帝国軍のハンガリー騎兵を模倣し、〈軽騎兵《ユサール》〉と呼び倣わされることもあった。

図8　ハンガリー軽騎兵（ユサール）

この時期全体を通じ、大砲は戦場においておおいに進化した。大砲の進化は特に、カノン砲の口径と重量の漸次的縮小という方向に進んでいく。大砲の進化のこうした方向性こそが、これらを戦闘中多数かつ有効に活用することを可能とする。グスタフ・アドルフは通常その戦役において、重量三トンで八－一〇頭立ての砲車によって搬送される一二ないし二四リブラ重砲[*20]を活用した。だが彼はその一方ですでに、それよりはるかに小型・軽量な〈連隊〉砲の使用をも試みてもいた。とはいえ一般に砲兵集団は何にも増して、大口径の大砲により構成されるものであり続けている。その結果一七世紀全体を通じカノン砲は、戦場から離れた箇所から会戦に参加するだけにとどまった。戦闘中これを移動するには、あまりに重量がありすぎたからである。戦闘の最中にあちらこちらへとその位置を移動させるカノン砲に関する記録は、一八世紀初頭の会戦に至ってようやく散見するようになった。こうした新式砲の導入の結果として戦闘は、以前に比べより動態的なものとなる。

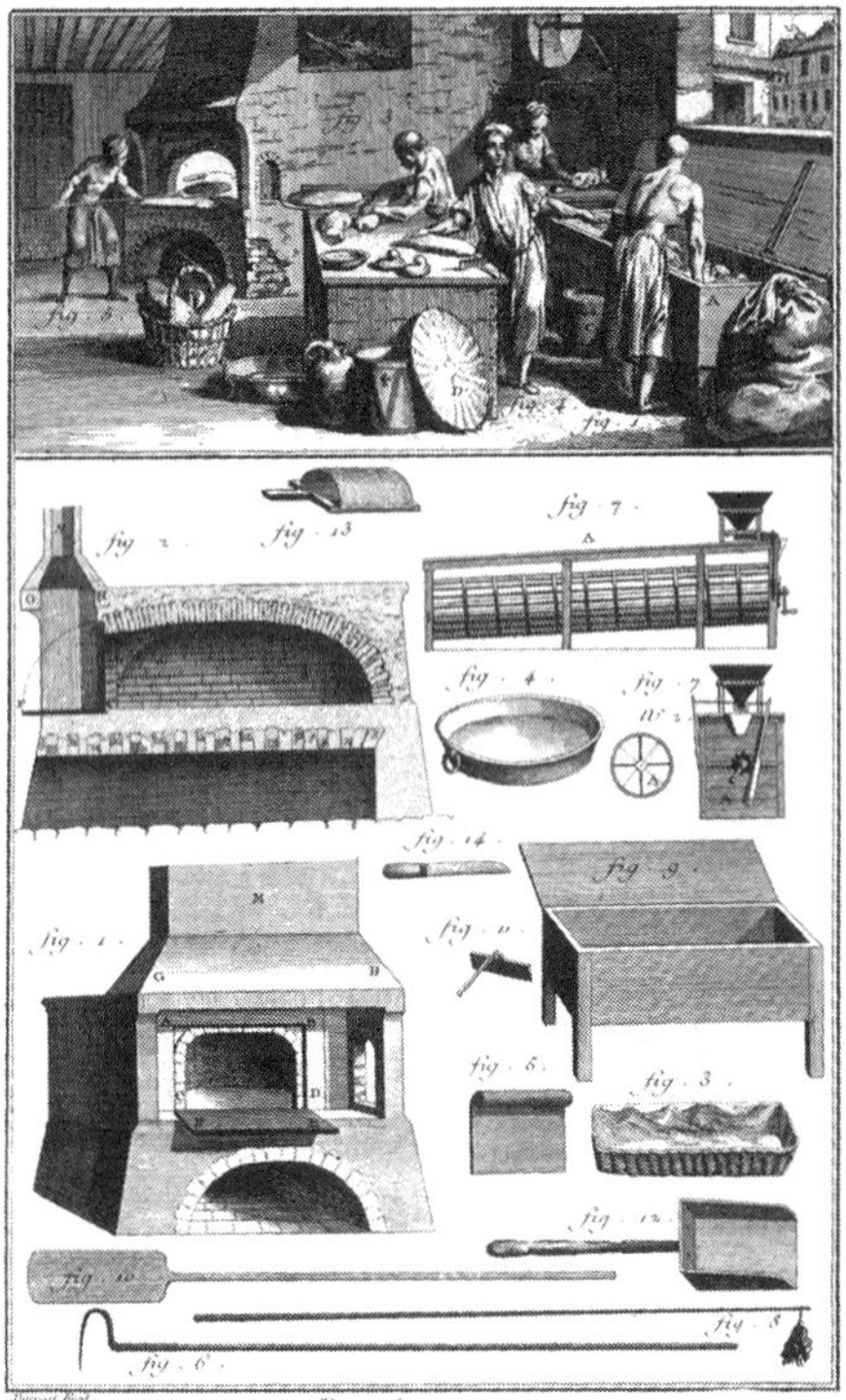

図9　百科全書の挿絵

だが戦闘における大砲使用の質的飛躍の実現には、技術進歩の更なる集積が不可欠であった。その決定的時点は、だいたいにおいて《百科全書》[*21]の時代と一致しよう。《百科全書》は一七五一年から一七七二年にかけ、パリで刊行されている。この《百科全書》こそは言うまでもなく、科学・技術・工芸の一大綜合に他ならない（図9）。諸政府は学問的探求に財政支援を行い、科学実験にスタッフを提供することによりこれを支援した。この一八世紀半ばに各国において、士官候補生養成学校が、初めて開設されている。それが何よりもまず砲兵科と工兵科の将校を対象とするものであったことは、決して偶然ではない。とりわけフランスでは著名なグリボーヴァル*22の指導下、大砲はその決定的な進化を遂げつつあった。そしてこの進化は続いて、ヨーロッパの他の全ての国々に模倣されるところとなろう。鋳造術の進歩により、同じ強度を持ちながらより軽く操作性に優れ、また火薬消費量も少なくて済むカノン砲が開発される。他方で原始的な砲架は、技術的に進歩した前車や輜重車にその席を譲ることになる。大口径の砲はここで最終的に廃止されてしまった。全ての国の軍隊において大砲は、最大でも口径で一二リブラ、重量にして一トン強の数種の小口径砲に画一化されたのだ。

この時期から、大砲は会戦において単に補助的な役割ではなく、むしろ決定的役割を果たすようになる。一門の砲を牽引するためには、いまや四─六頭の馬で十分になった。カノン砲に可動性が付け加えられ、その戦闘時での攻勢的使用が可能となる。こうした可動性は、それに対して適当な数の馬に加え、砲手や弾薬運搬車が添えられることにより実現した。かくして大砲は砲兵中隊の陣取る遮蔽物に覆われた砲座に、一回こっきり据えられるものではなくなった。それは戦闘の経過に応じ、あちらこちらへと規則的に移動していく。きわめて軽量のカノン砲が四門、六門ないしは八門ごとに、砲兵中隊に分属させられる。それぞれこうした軽量カノン砲と多数の軍馬を擁する各砲兵連隊は、単に歩兵隊に付き従うだけにとどまらなくなった。それどころかこうした砲兵隊は戦場の展開に応じ、騎兵隊に付き従う能力すらもつに至ったのだ。騎砲兵隊という名称はここに由来する。一八世紀後半の大砲は、単に防御的機能をもつにとどまらなくなった。それはすでに、ナポレオン戦争中に有するに至るがごとき、支配的かつ攻勢的な戦術的機能を有しはじめていたのだ。だが同時にこうした砲兵連隊において、砲の運搬に従う人員の大半は軍人ではなく、賃雇いの一般市民がこれを請け負っていた。こうした面で当時の砲兵隊はなおも、今日の我々の目からみて依然として、原始的とも目されるがごとき側面をも残していたことになる。

3―5　戦略と補給

啓蒙主義の時代は、軍隊の運営と補給の合理化に向けた努力によって特徴づけられる。

一七世紀の軍隊は、いったん出征すればたいていの場合その軍需品の補給を、自身の工夫で解決せねばならない。ということはすなわち、軍隊維持のためのこうした負担が、進軍先の郷村にのしかかってくることを意味している。他方まさにこの時代、国家による軍需品の補給の組織的な展開がはじまっていく。このような変遷は部分的には、当時の軍事的必要に基づいていた。この頃の野戦軍は、前代とは比べものにならぬほどに巨大なものとなっている。したがって最低限の補給組織なしに、これを長期にわたり維持することは困難であった。その一方で日毎に高まる火器の重要性が、弾薬や火薬の消費を増大させる。それらを軍隊にコンスタントに補給することが、必要不可欠となってきたのだ。

国家の管理をうけまたその資金援助を受ける行政機能の総体として、軍需品の確保を担当する官僚組織が出現してくる。こうした組織の出現はまさに、世論の要請に沿うものに他ならない。戦争にともなう混乱や無差別の掠奪は、三〇年戦争がもたらした恐怖により頂点に達していた。軍政を担当する官僚組織の出現は、そのような混乱や掠奪に終止符を打つことを目指す。戦争をめぐるこの時代のかくのごとき潮流は戦争を、可能な限り文明的で秩序だった現象とするように努力していく。それは社会生活に対する戦争の衝撃を、ついには除去しようとしたものなのだ。もちろんこんな理念は、その一部しか実現できるものではない。敵軍の襲来は民衆、なかんずく村落の民衆にとり、暴力と徴発をともなう悪夢以外の何ものでもなかっただろう。だが以前には友軍の通過ですら、こうした結果をもたらすのが常であった。それに比べてこの時代、社会に対する戦争の衝撃を減少させる、以前にはない注目すべき制約が出現してきたことだけは間違いない。

この新しい哲学は、補給所という概念の導入を通じ、戦争術に決定的な影響を与えた。開戦以前の準備作業は、軍の召集と戦場への出動だけにとどまらなくなった。それと並んで今や、兵糧や武器弾薬を大量に集積することが必要となったのだ。軍需品の蓄積された補給所を軍に隣接し配置すること、また補給所の物資を前線部隊に定期的に配給すること。軍の戦略能力は、こうした要件に次第に依存するようになってゆく。当時こうした分配を担当したのは、鈍重でかつ操作性に乏しい補給車列なのだ。補給車列が敵軍の襲撃の恰好の対象となることは、想像に難くない。それゆえかかる車列は、予想され得る敵軍の襲撃を回避するため、強力な護衛隊を必要とした。備蓄への依存が軍隊にとりきわめて重い制約になると主張する人は、当時でも決して少数ではなかった。彼らが、そこから解放される努力を要求したのは当然であろう。だから攻勢への積極的意欲が将軍に無い場合、彼はしばしば己が軍事的消極性の原因を、補給の困難さにより弁明しようとした。彼らは自らに課せられた責任の重みを回避するため、かかる状況を盾にとろうというわけだ。だがこうした問題につき包括的に取り組むことは、ナポレオン時代の、換言すれば次章の宿題となるだろう。啓蒙時代一般に戦役計画は、軍そのものの行軍能力よりも、むしろ補給所の配置と補給車列の安全性に基づいていた。そのことが当時の作戦の、ある種の静態性の理由となったことは疑いを容れない。

道路の劣悪な状態だけではない。信頼できる地図の欠如もまたそれ以上に、当時の作戦の静態性のひとつの原因となっている。当時の将軍たちは、専門的な参謀団に補佐されていなかった。そのため彼らはナポレオン時代以降はじめて可能となるような、行軍に関する複雑な司令を発することができなかったのである。当時の軍隊はひとつの集塊をなして、同一の主要街道を押し進んだ。これもまた、軍の行軍速度の低下をもたらす原因となる。軍用行李や補給物資搬送用の荷車の多さ、砲車の鈍重さやその取

図10　要塞都市の包囲

り扱いの複雑さ、窯を作りパンを焼くため数日ごとに休止をとる必要性。当時の軍隊にはいろいろな制約があった。これらの全てが当時の軍隊に、一日平均一〇キロから一五キロ以上の早さで進軍することを困難にしたのだ。戦役に投入される軍隊の規模もまた、これらの制約により限界づけられる。当時の軍隊の兵力は、四万人から五万人という一線を越えることはほとんどなかった。なぜならそれは軍馬と一緒にひとつの進路を進撃し、狭い行軍地域の経済資源に負担を一時にかけたからである。ただしルイ一四世とその敵対者たちは八万人以上の兵力を、いや時には一〇万人以上の兵力を有する軍隊を、ヨーロッパのある地域に限っては投入することができた。それはフランドル地方に他ならない。ヨーロッパにおいて最も豊かなこの地域には、広範に連鎖するあらゆる物資が集積されていたからである。太陽王の四〇万人という事例を頂点に各国が、戦時にきわめて多くの兵士を動員していたことは確かであろう。しかしその大半の配属先は、無数の城塞守備隊や分散した諸地域で活動する小部隊であった。一方で諸政府やそれを補佐する戦争会議は、行軍とその目標を遠隔地から差配していた。こんな条件の下では作戦が、滅多なことで電撃的にも決戦的にもなり得ないのは当然であろう。

一七世紀から一八世紀に至る近世初頭に、戦争が鈍重で決定性に欠けたものたらざるを得なかった理由がいまひとつある。すなわち戦争計画が依然、要塞の包囲という局面に執着し続けたことに他ならない（図10）。ルイ一四世の長い治世の間、フランスはヨーロッパの主要な戦争全ての中心に位置していた。そのフランスは全国境線に沿い、要塞による防御壁を創出することに巨額の資財を投入したのである。この要塞網は専ら軍事的な目的から、高名な建築家ヴォーバン*[23]の指揮下に形成されたものであった。要塞網の随所に設置された要塞のそれぞれは、そこに大規模な補給所を設置することができるほど巨大なものであった。多数の要塞の存在と野戦軍の運動性の欠如とが相俟って、軍事活動の大半を包囲戦が占めるという事態が継続してゆく。この時代の決戦の多くは包囲中の都市を解放するために生じた。一六八三年のウィーン*[24]や一七〇六年のトリノ*[25]がその好例だ。マルバラ公は当時最も進取の気性に富む将軍とされていた。彼はダイナミックで攻撃的な戦略行動の支持者と目されていたのである。だが、彼のような人物ですら軍事的キャリアにおいて、たった四回の大会戦にしか遭遇してはいない。にもかかわらず彼は他方で、三〇回以上の包囲戦を指揮している。当時において包囲戦は、簡単に数日で片付けられるようなものではなかった。ヴォーバンはその人生で四三回もの包囲戦を指揮した。そのような経験を踏まえて彼は包囲戦を、ひとつの正確無比な科学にしようと全力を挙げて取り組んだのだ。この努力の結果当時の戦争において、包囲者側に勝利の確率が目に見えて増大したのは確かである。にもかかわらず包囲戦は、依然として日時と手間のかかるものであり続けた。包囲側の砲兵隊は三六リブラ砲や四八リブラ砲、そしてさらに巨大な迫撃砲により構成されていた。この砲兵隊の移動速度の鈍重さは言うまでもない。その上、専門技術者の指導のもと包囲線の構築もまた、常に手間のかかるものであった。かくして兵士並びに周辺から強制的に徴用された一般の人夫による作業が、数週間にわたって不可欠となる。他方、要塞指揮官たちは、特定の条件が開城交渉を彼らに正当化しない限り、抵抗を引き延ばせるだけ引き延ばすことこそ、己が名声を高める切所と心得ていた。特定の条件とは、敵が防衛線に対し突破口を開くことや、味方の救援軍が到来しないことが明白になる、といった事態のことである。かくして主要な要塞都市の包囲は依然として、一ヶ月から二ヶ月の手間がかかる仕事であり続けた。そうこうするうちに、気候的に厳しい季節がやって来る。飼料の欠乏と道路状態の劣悪さが、作戦の続行を困難にした。そのあげくに包囲軍は、冬営地への撤収を余儀なくさせられるのだ。戦役全体に投入し得る時間と資源が包囲攻撃のため空費されてしまうことが、このような次第から理解されよう。

補給所と要塞都市の重要性は、この時代の戦争の主な特徴のひとつを示唆している。こうした施設の重要性は、新たに出現してきた常備軍が国家財政にかける、多大なコストの一端をなすものであった。それが示唆する特徴とはすなわち、巧緻をきわめた戦争というこの時代の戦争独自の性格に他ならない。この類の戦争を受けもつ将軍たちが、直接的衝突のリスクを最大限回避しようと試みたのは言うまでもない。彼らはむしろ自身の戦力を巧妙に利用しつつ、敵軍を不利な状況に追い込むべく腐心する。敵軍は軍需補給所との連携や、必要時における要塞守備隊の増強により戦線を維持している。しかし彼らの巧妙な作戦の結果により、こうした敵軍の戦線維持上の条件がきわめて心もとない状態におかれてしまう。そうしたわけで当時の将軍は、戦役全体の細心な操作により、大規模な野戦を経験しないで済ますことができたのだ。かくして味方の司令官により展開を見事に操作された戦役は、敵軍の撤収へと帰結する。敗者が撤収したまさにそのため、勝者は広範な地域を占領するのに成功したのだ。当時の戦争の決着のつけ方は、このようなものに他ならなかった。諸政府にとりもっけの幸いなことに、引き金式のマスケット銃と新たな様式の野戦砲の普及によって、会戦の様相は驚くほどに血腥いものとなっていく。大会戦においては従軍兵士の四分の一、もっと言えば三分の一が失われたほどだ。だがこのことすら、当然のことのように受け取られるようになってしまった。もちろん、ここまで検討してきたように当時、軍隊の編成には巨額の資金が投入されている。それゆえ将軍たちには、かかる高価な軍隊を一日の会戦で台無しにしてはならないという、強い圧力が外部から加えられていたのだ。次のように考える者も、決して少数ではなくなっていく。すなわち、優れた将軍は大会戦を交わすリスクを負ってはならない。

優れた将軍とはむしろ、何にも増して軍の巧妙な機動により敵を撃破し降伏を余儀なくさせる、そのような人物に他ならないと。

だがより豪胆な将軍たちは、こうした機動的アプローチの限界を自覚していた。この時代、フランス軍元帥のテュレンヌ*26からイギリスのマルバラ公に至るまで名将たちが数多く輩出した。彼らはむしろたった一度の決戦が、数多の包囲戦以上の値打ちを有することを認めている。それは裏返して言えば、要塞の奪取に拘泥することなく戦争を敵国内で遂行することが必要だということを、彼らが認識していたことでもあろう。もちろんそれは決して偶然ではない。いったん敵軍が野戦で敗北を喫したからには、敵の要塞都市も自ずから陥落する他はない。だから決戦を志向することは戦役を解決するにあたり、最も確実で経済的なやり方だと彼らは判断するのである。だがこの哲学がはらむ明瞭なリスクを、その底の底まで嘗め尽くす覚悟ができた将軍はきわめて稀だった。もっと言えばその所属する政府により、かかる試みを実行する権限を与えられた将軍はきわめて稀だったのである。プロイセン王フリードリヒ二世とその戦争の登場によりはじめて、決戦がより頻繁となる時節が到来する。それは反対に、厳密な意味での包囲戦がもっと稀になる時節が到来したということでもある。フリードリヒ二世はいかなる官庁や戦争会議の干渉をも考慮する必要がなかったからだ。一般の将軍たちは大半が、もはや古ぼけた権威主義的なものとなってしまった図式に、依然として制約され続けていた。そうした制約は、かかる図式の時代錯誤がもはや隠しようがなくなるまで続いてゆく。だが軍需備蓄と要塞都市に基づく戦争図式への拘泥が、もはやマイナス効果しかもたらさないことについては、すでにいくつかの徴候が現れはじめていた。英国のコンウォーリス将軍[*27]の運命は、その徴候の一例に他ならない。この将軍こそ、アメリカ独立戦争中その麾下の軍と共にヨークタウン要塞に立て籠もり、長期の包囲戦の後、遂に開城を余儀なくされたその人なのである。だが万人がかかる認識を持つに至るには、ナポレオンの登場を待たねばならない。

3―6 海戦

一七世紀中には陸戦と同様に海戦もまた、厳密に技術的な観点以上に組織論的観点において、大きな変化を蒙ることとなる。外見上かつての三本マストの典型的貨物船はいまや、より長くほっそりとしたものへと変化していた。また当時の大半の艦船は総トン数において一五〇〇トン、搭載砲門数で一〇〇門以上という、かつてであれば記録的な大きさと装備を備えるに至っていた。にもかかわらず一八世紀の軍艦の形態は、一六世紀のガレオン船と比べ本質的にはほとんど変化していない。その一方で艦隊の運用面では、目新しい現象が次々と生じている。かつての戦闘艦隊では、あらゆる規模の艦船が十把一絡げに編成され、個々の船は自己裁量のもと事実上独立して戦闘に参加していた。他方一八世紀に入ると艦隊は、同一艦種に属する軍艦のみにより構成されるようになる。そしてまた、提督に艦隊指揮と戦闘のいっそう確実な遂行を可能ならしめる、新たな戦術組織の導入へと世の関心が向けられるようになっていく。

図11　戦列艦の直線隊列

その意味でさらに重要な革新は、直線隊列に基づく戦闘法の導入にある。艦隊は長距離信号の効果により、単一の有機的隊列として操作されるようになった。すなわち艦隊は単一の線上に配列されて戦闘に突入し、全艦一斉に砲門を開いたのである。その勘所は、敵艦隊にその火力が集中されるよう艦隊運動を操作し、自艦隊に有利な態勢を整えるところに存した。すなわち各提督の有能さは、この艦隊運動の技術にかかっていたことになる。このような類の戦術はすでにポルトガル人たちによって、ヴァスコ・ダ・ガマの時代以来インド洋において活用されていた。だが彼らの教訓がそれまで、ヨーロッパの海戦で活用されていたようには思われない。ヨーロッパで最初に直線隊列が用いられた海戦は、恐らく一六三九年のダウン海戦[*28]におけるオランダの提督、マルテン・トロンプ[*29]によってであろう（図11）。これは提督のみならず、個々の船長たちにも卓越した操船能力を要求する戦法だった。しかしこの時以来直線隊列こそが、ナポレオン戦争後に至るヨーロッパの海戦を特徴づける。同時代の陸軍の操兵理論との知的―心理的並行性を、そこに見落とすことは困難であろう。当時の陸軍も線形隊形に展開し、指揮官の操作の下に全面的におかれていた。少なくとも理論の上でそれは、指揮官の意志に完全に対応する自動機械となっている。

英国海軍軍令部は一六五三年、全ての戦闘艦を六等級に区分する決定を下す。その基準は各軍艦のトン数と艦橋数、換言すれば積載砲数に基づいている。その目的は艦隊を組織化し、艦載砲の使用を効率化する点にあった。第一ランクに所属する戦艦は、艦橋を三つ有し九〇門以上のカノン砲を積載する。一六七〇年にはフランス海軍も艦船を五等級に分類する、英国海軍と類似した等級分けを導入。その第一等級には、七〇門から一二〇門の砲を積載する戦艦が所属した。そのとき以後蒸気船の導入に至るまで、戦闘艦はこうした基準に基づき区分されるようになる。戦闘艦隊は基本的には、戦列艦とも称された戦艦により編成されるようになった。この時期イギリスとフランスという対立する二大海洋勢力は、お互いに相手に後れをとらぬよう競い合った。そのため両国はそれぞれ、このような戦列艦をおよそ一〇〇隻ばかりも維持し続けなくてはならなかったのである。

当時の艦船による戦争は海戦ばかりではない。というより、たとえそれが決定的価値を有しはするものだったにせよ、海戦はむしろ稀なる出来事に過ぎない。大洋の支配権は、強力な戦闘艦隊を戦場に投入しそれに補給を続ける、単にそのことだけに依存していた訳ではない。それは海戦での勝利以上に、植民基地の戦略網を背景に通商航路を支配すべく、自国の交通を維持し敵国のそれを破壊することにかかっていた。そのために必要なことは、より小型の快速船を七つの海の至る所に出没させることであった。こうした仕事は、もはや私掠船長たちだけでは手に負えなくなっている。たとえ太陽王時代のフランスにジャン・バール[*30]のごとき、著名な私掠船長がいたとしてもだ。それは私掠船長の仕事よりもずっと拡大された規模において、中小型の軍艦により、海軍の任務として遂行されるようになっていく。こうした略奪任務に従事した艦船は、三本マストの勇壮なものであった。だがその大きさはトン数にしてわずか数百トン、積載カノン砲数も数十門といった程度のものにとどまる。フリゲート艦[*31]と称されるこうした艦船は、本来の戦艦に比べれば戦力的には貧弱なものだ。だがそんなフリゲート艦こそが、当時の艦隊の主軸を担っていたのである。このタイプの艦船は戦艦よりも高速で、装備も比較的軽装であった。そのためこの種の船舶は遠方まで進出し、長期間にわたり海上に滞留し続けることができたのだった。ヨーロッパ諸国は国旗をフリゲート艦の帆桁にはためかせ、

図12　18世紀のフリゲート艦

カノン砲による威圧を駆使しつつ世界を侵略しはじめる（図1-2）。先頭を切ってイギリスが、続いてフランスとオランダが、世界の征服活動に成功を収めていく。それに対し冒険航海の先駆者スペインは、とうとうこれらの国々の後塵を拝することになってしまった。海軍の創設維持は、途方もなく高くつく事業であった。にもかかわらず、ここに論じたごとき新たな国際戦略上の必要性は、この時代に海軍軍備が、恒常的に増大したことに対する理解を容易にしてくれる。一七世紀末にイギリス海軍は艦艇三二三隻を擁している。そこに積載される大砲は全部で九九一二門に達した。

一八世紀に入ると戦争は、独自の世界的様相を顕著に示しはじめる。軍艦造船技術の可能性と限界が、こうした戦争の世界化への前提条件を提供した。多数の外征軍を大洋の彼方に派兵することや、こうした外征軍に補給を継続することは、当時の造船技術をもってしては不可能だった。それゆえ当時の植民地戦争は、人数的に小規模な分遣隊により戦われるのが一般的だった。そしてこうした人員的制約の前提となったのも、上記造船技術の限界性に他ならない。植民地帝国の全体は、少数の連隊により構成された軍隊により、獲得されたり喪失したりした。一七五七年のインド[*32]や一七五九年のカナダ[*33]、一七七五―八三年の北アメリカにおける戦争は[*34]、そうした一例となる。それは当時の大国がヨーロッパの戦場に投入し得た軍勢のごく一部分でしかない。アジアやアフリカそして西インド諸島でヨーロッパの戦力の及ぶ範囲は、一般に要塞化された少数の中継基地に限定されていた。こうした中継基地を、ヨーロッパから駐屯してきた一～二個ばかりの大隊が守備する。だがそこに配属された守備兵も、黄熱病やその他の熱帯性疾病のため数年の後には、戦力的にほとんどゼロとなってしまう。だがそのうちヨーロッパ式の練兵や火打ち式のマスケット銃、そしてフリゲート艦に積載される大砲が登場してきた。こうした新知識により植民地勢力は、地域住民に対し次第に優越を獲得してゆくようになる。換言すればヨーロッパ勢力の側における新知識の散発的な登場すら、他地域の蒼古たる王国や帝国を恐怖と従属の下におくのに十分な衝撃となったのだ。こうした新知識のおかげで一八世紀後半以後ヨーロッパ人は、自身を世界の主人と自負するようになった。そうした自負心は、ある時にはとめどもない多幸感と共に、そしてまたある時には底知れぬ自己懐疑と共に、彼らにもたらされた感情であった。

19世紀初頭のヨーロッパ

第4章　フランス革命期とナポレオン時代の戦争

4—1　序論

ナポレオンは戦争史にきわめて大きな足跡を残した。彼は、一七九六年から一八一五年にかけ繰り広げられた諸戦争の主役である。それゆえこの時期の戦争にその叙述の大半が割かれるこの終章が、彼の名を冠することも当然であろう。だが皇帝の組織編成上の天才は無から生じた訳ではない。彼によって導入された革新の大半は、先立つ数十年の間にその起源を有している。軍隊規模と作戦範囲の驚くばかりの拡張は、フランス革命初期の一七九二年から九四年にわたる大戦役に遡る。この戦争はそれ以前の旧体制《アンシャン・レジーム》期には全く知られない、イデオロギー的性格を備えるようになっていた。革命期以後の戦争は、政治化された戦争にこそ他ならなかったのである。ナポレオン時代に顕著となった戦術上の主要な革新のひとつが、軽歩兵の新たな役割に他ならない。それが先駆的に生じたのは、アメリカ独立戦争に際してであった。このように軽歩兵の機能は、諸国の軍人によってしばらく前から考察の対象となっていた。これに対し大砲の新たな攻勢的使用は、技術上の進歩によりはじめて可能となった。こうした技法は一八世紀の半ば、なかんずくフランスにおいて実現したものである。

同様にナポレオンにより遂行されたこの時期の戦争において、いまひとつの真に革新的な現象が出現していた。それは師団及び軍団に基づく軍隊編成である。この軍隊編成の導入により全軍が、互いに異なった進路を、統一性を保ちながらも同時に細かく分節された行軍序列にしたがって、進撃することが可能になってゆく。こうした手法は、過去の鈍重かつ雑然とした軍隊には、想像もつかぬようなやり方には違いない。だがこのことこそが、兵力の短時間での集中と戦略的強襲とを可能にしたのである。軍隊を戦場で一定数の師団に下位分割するという発想は、七年戦争期以来存在していた。それが特に注目されたのはフランスにおいてである。その意図するところは、軍の移動性と命令の伝達性の向上にあった。だが、ナポレオン軍の勝利の秘密は他にもあった。ナポレオンの驚異的行軍計画は、地図作成に傾注された多大な努力の賜に他ならない。こうした地図作成の努力こそ、啓蒙改革の展望において達成された成果である。もちろんこれら全ての事柄は、ナポレオンの個人的インパクトの巨大さを否定するものではない。彼は他の誰にも先立ち、これらの観念の全てを発展させた。そして彼こそが以前には想像もされなかったスケールで、こうした諸観念をその究極の帰結へと導いたのである。だがナポレオンの戦争は、それだけでは語り尽くせない。それを語り尽くすためには、彼の登場に先立つフランス革命期の戦争を物語るところから、着手することが必要であろう。さらにもっと概観的に言えば一八世紀後半の軍事的進歩から、着手することが必要だとすら思われる。

4―2　徴兵

4―2―1　義務徴兵制

アメリカ独立戦争は新しいタイプの軍隊と、全くもって伝統的な軍隊との間に交わされた戦争であった。新しいタイプの軍隊とはすなわち、反乱植民地住民たちのなにがしかの自発性に基づき召集された軍隊のことである。他方伝統的タイプの軍隊とは、イギリス及びドイツの連隊により編成された、専業兵士よりなる軍隊のことである。アメリカ独立戦争はヨーロッパから遠く離れ、またきわめて人口稀薄な地域をその舞台とする戦争であった。そしてこうした地理的条件こそが、戦場に対峙する軍の規模を明瞭に限定している。ジョージ・ワシントンは会戦に際し、一万六千人以上の兵士を指揮することはなかった。だが旧大陸の戦争においてこの程度の兵力は、せいぜい二次的分遣隊と目される程度のものだ。だが今度はヨーロッパの心臓部において、いまひとつの革命が勃発した。それは大英帝国と合衆国の平和条約の締結から、数年と経たない間のことである。この革命すなわちフランス革命は、単に徴兵の制度面のみならず軍隊規模の面においても、従来のそれに対し根本的変化をもたらす。一七九二年に反革命の君主制勢力がフランスに侵攻した時、革命政府は市民の大量動員を発令した。政治的に重大なこの手段こそが戦場に、前代未聞の兵力の投入を可能にしたのだ。もちろんこうした兵士たちが、未だ十分な訓練を受けていないのはもちろんだった。続く時期に革命フランス共和国は各地の己が前線に、総計一〇〇万以上の兵力を有するに至っているのを発見することとなろう。

この時以来、欧州の主要軍事大国たる革命フランスは、義務徴兵制の原理に依存するようになっていく。ナポレオン治下のフランス軍においてもその点は同様であった。祖国防衛のためいやしくも臣民たる者悉皆武器をとるべきだとの古い理念が、諸君主国になお残存していたことは無論である。過去数世紀にわたり、各国政府は民兵軍の創設に努力し続けてきた。こうした民兵軍組織の基礎にも、伝統的なこの理念が横たわっている。ナポレオン時代の義務徴兵制は、部分的にはこうした民兵軍の進化したものなのである。だが前者と後者の相似はそれのみにはとどまらない。両者を結ぶいまひとつの側面が存在した。全登録者が現実に軍役に服するのではなく、抽選された一部分のみがそうなるのだという点である。その割合はフランスにおいては一般に、七人に一人という割合であった。結果として、金銭支払いによる兵役義務の免除と代行のシステムが、横行するようになる。そのことは結局、軍役義務の重荷を専ら一般大衆、なかんずく農民層に押し付けることにつながってしまうだろう。

だが、新たなる徴兵軍と旧来の民兵隊との相似はここまでである。古来の民兵隊に比し、徴兵軍の動員に選抜された若者の数は決定的に巨大であった。ナポレオンは平均して年間に一〇万人を軍に召集した。さらに重要なのはこれらフランスの兵士たちが、予備軍として機能したのではないことだろう。ナポレオン戦争時代中、多くの国々においては、ただ緊急時にのみ動員される民兵部隊の復活が着手されていた。だがこのような事例に関わる民兵隊は、単に予備軍的役割を果たしたに過ぎない。他方フランスの徴集兵は巨大な常備軍を作り出した。前章にみたように連隊制度は、旧体制《アンシャン・レジーム》の遺物とも言えるものであった。にもかかわらずこの新しいフランスの常備軍も、依然として多数の連隊に分割されていた。もっとも大革命により名称や数には、前時代と比べた場合、多大な変化が生じていたのも確かだ。とはいえ革命期の各連隊は、欠員を埋める徴募人たる士官の、恣意に委ねられるようなものではなくなる。連隊は管轄下の地域から常時供給される、規定数の徴兵兵士が流入するのをあてにできるようになった。

この先駆ともなる徴兵システムは、プロイセンやロシアのごとき農奴制に依拠する君主国にはすでに存在していた。フランス革命政府軍の上記のような徴兵システムが、こうした既存のシステムの拡張に過ぎないことを見逃すべきではなかろう。実際のところ義務徴兵制には、ある深刻な矛盾が伏在していた。それはいかなるイデオロギーも、決してそれを緩和できない態のものである。ナポレオンの徴集兵とは、大革命の成果を防衛するため召集された市民たちに他ならない。それゆえ彼らは政治的・愛国的観点からの献身を発揮するにあたり、それを出し惜しみするようなことはない。献身がある程度の効果を上げたことは間違いない。なぜなら軍隊こそは徹頭徹尾、大革命により是認された平等性と民主性といった価値の、守護者たり続けたのだから。加えてこうした価値は、その隊列の内にも実践的に適用されていた。というのもナポレオン麾下の将校のおよそ四分の三は、かつての兵や下士官だったからだ。これら叩き上げの士官たちは、出自に関わらずその勲功により登用されたのである。だが同時に、市民社会が義務徴兵制を重荷だと感じ続けてきたことも間違いない。その感情は、戦争が継続されてゆくにつれ、次第に大きなものとなっていった。なぜなら戦争が継続されるほどそれと反比例して、応召兵が除隊される可能性が小さくなっていったのだから。ナポレオン帝国でも政治化の程度が低い地域であればあるほど、農民たちは徴兵制に対し盲目的な抵抗を示した。そのことはこれらの地域における、脱走者や徴兵忌避者の高い割合からもわかる。

ヨーロッパ諸国は、義務徴兵制がフランスに授けた巨大な人的資源に対抗しなければならない。そこでこれら諸国は、フランスのシステムを模倣しはじめる。これらの諸国も伝統的民兵軍に加えてあるいはそれに代えて、義務徴兵制を導入するようになっていった。専制的な政府であればあるほど、いっそう容易にそれを実行に移すことが可能だった。というのもこのような国では、臣民が政府に対してよりいっそう従順だったのだから。その典型的事例がプロイセンである。事実プロイセンでは、抽選による動員の負担は実に五人に一人に達した。もちろんこの国においても、大衆に向けての政治的準備に多大な努力が払われていた。こうした準備はひとつには、奴隷制の廃止を踏まえたものである。だがこうした準備はその一方で、徴兵が隷属的賦役ではなく、祖国防衛のため動員された自由市民の義務なのだと、農夫たちを納得させようとする試みに基づくものでもあった。たとえそれが、必ずしもうまくいかなかったとしてもである。

他方、議会制の政府を有する唯一の大国たる英国では、義務徴兵制は多大な懸念材料となっていた。この国では、応召義務の導入こそが専制への近道だという不信が、世に広く受け入れられていた。こうした不信こそが徴兵制導入という、政治的に危険な選択を英国政府がなし得なかった原因に他ならない。この時期の英国は、単にヨーロッパ的次元にとどまらず世界的次元において、覇権帝国としての役割を引き受けつつあった。それがもたらす軍事的重荷は、大変なものであったろう。にもかかわらず英国は徴兵制導入への躊躇ゆえに、専業者により編成される職業的軍隊に依存し続けた。かかる軍隊に参加する兵士たちは前章に一瞥したように、多年にわたり、ないしは一生涯にわたり従軍する運命にあった。

他方、この国においても軍事制度に大きな刺激を与えた選抜民兵隊は、王国外への従軍を禁止する厳格な法制度的保障により、権利を保護されていた。その他の欧州諸国では義務徴兵制の原理は、ナポレオン時代が一九世紀に対して残した、主要な遺産のひとつとなった。それは大衆と新たなタイプの国家が出現したことの、ひときわ示唆深い象徴として機能した。かかる国家においては、その政治資源の全面的動員が企図されていたのである。

4—2—2　費用

ナポレオン戦争期の軍事装備の目を見張るばかりの増大は、出費面における並行的増大をもたらした。諸国家は、それに対応するのに四苦八苦したのである。その結果、英国のウィリアム・ピット政権[*1]は、一七九九年には所得に課税することを余儀なくされた。それは当時においては驚天動地の手段であり、喧しい悪評を買うこととなる。当然のことながら、それは当初一時的手段として提案されたに過ぎない。だがその後に続くいかなる政権も、それを引っ込めることがどうしてもできなかった。大革命とナポレオンのフランスに対抗する二〇年戦争は、連合軍の勝利の栄光と共に終結する。連合軍に参加した欧州諸勢力はまさに、英国の強大な財政支援によってのみ、その負担に耐えることができたわけだ。英国はすでに産業革命を達成し、世界最大の経済大国となりおおせていたのである。英国のこうした対外的財政支援は、この国の有するかかる経済力によってのみ可能となった。一八一四年の英国の政府収入は五七〇〇万ポンドだった。うち対外財政支援への支出は、その六分の一以上にあたる一〇〇〇万ポンドに達している。それに加えて軍事支出は、この国の歳入の過大な部分を飲み込んでしまっていた。一八〇五年の英国の歳入は四六〇〇万ポンドに過ぎない。だがすでにこの時一八〇〇万ポンドが陸軍に、一五〇〇万ポンドが海軍に、その他四〇〇万ポンドが軍需品に注ぎ込まれている。

この最終章は本書の中でも、最も教訓的でかつ不安を誘う章となってしまった。各国がその軍事費から支出するのはもはや、単に武器の代金だけではなくなっている。しばらく前からあらゆる国がその財政支出によって、食糧はもちろんその軍隊の備品や衣料に至る一切合切を調達するようになっている。この時代には戦争が間断なく発生し、ここに論じたごとく軍備は驚くばかりの膨張を開始していく。それと共に軍需品の流通は、目覚ましいばかりとなる。ほとんどの場合、政府は必要とする物資を自から生産することはない。その調達のお決まりの段取りは、私的事業者の入札にかかっていた。入札と供給のシステム全体が極度に腐敗していたことは、万人周知の事実でしかない。こうしたシステムを通じて企業家は、不法にも巨額の利益を手にしたのである。とはいうものの軍隊は、最終的にはその必要とするものを入手したのである。たとえそれが品質的に、最低水準のものであったにしてもである。そしてこうした公金の濫用は、一九世紀の歴史には決して珍しいことではない。むしろかかる公金の濫用こそが、産業資本主義の発展と経済成長を力強く推進したことも事実なのだ。同様のことは、金融資本主義についても言えるだろう。ロスチャイルド家の家運の勃興は、まさにここにその端を発している。イギリス政府は、対ナポレオン戦争の支払いのため必要な現金を事前入手すべく、彼らの銀行に頼ったのだ。

4―3　戦術的革新

4―3―1　軽歩兵

戦闘面についてナポレオン期の軍隊は旧体《アンシャン・》制《レジーム》期のそれと、さして変わるところがない。この時代には実践的に言えば、いかなる技術的改良も生じてはいない。フランス軍のマスケット銃は一七七七年モデルのものであり、それは一八三〇年まで用いられている。横隊に展開した歩兵の火力戦闘、敵軍の士気の崩壊の誘発を目標とする銃剣を備えた大軍の前進、サーベル騎兵団の突撃、野戦迫撃砲による砲撃。これらこそ依然として、会戦の主要な要素であった。もっとも先立つ時代と比べ、新しい現象が全くなかったというわけでもない。ナポレオン時代の戦闘に従来とは若干異なる含意を、それは付与するものとなった。にもかかわらずこれまでは、しばしば誤って信じられて来た。皇帝による技術革新とか、革命期に登場した新たなイデオロギー的条件に呼応する技術革新とかこそが重要なのだと。だがそうではなくほとんど全ての場合、問題とするに値する技術革新は、旧体制期末年とりわけフランスで、軍事技術者たちによりすでに論じられていたものに過ぎない。あらゆる点からみて旧体制末年のフランスは、軍事技術革新の突出した実験室であった。そして大革命期とナポレオン期のフランス軍こそが、それらを広汎に利用したわけである。

こうした新現象の第一が、肩を寄せ合う緊密な隊形ではなく、散開して戦闘を行うべく訓練された歩兵なのだ。この散開兵の使用という現象は、その頃から次第に顕著になってゆく。一般にこう呼び習わされるところの軽歩兵は、選抜兵により編成されていた。彼らはより入念な個別訓練を施されている。そしてこうした訓練の成果として、標的に対する優れた射撃の腕前を有したのだ。射撃の腕前の向上は、いくつかの軍隊で線条銃《ライフル》[*2]の原型が普及をみたことにもよる。この新しい線条銃は通常の滑腔のマスケット銃より、いっそう高い射撃精度を誇るものだ。線条銃を備えた軽歩兵を核とする軍の有用性は、アメリカ独立戦争中にすでに明らかとなっていた。なぜならこの戦争の大半が未開で人跡稀な土地で、不規則な陣形により戦われたからである。一方ヨーロッパの軍隊は、より伝統的な環境を舞台に作戦を展開していた。だが彼らもこうした軽歩兵により、一定の利点を引き出せることを理解するようになる。デイヴィット・ダンダス卿[*3]は、英国の軽歩兵の訓育マニュアルの著者であった。一七八八年に彼はすでに、軽歩兵が「わが軍の主力の一部を構成するようになる」と認識していた（図1）。

フランス人はこうした兵士を射撃兵（chassuers）、躑弾兵（voltigeurs）、狙撃兵（tirailleurs）等いろいろな呼称で呼び慣わしたものである。このような兵種を考慮せずに、ナポレオン時代の戦争を理解することはできない。彼らは後のイタリア軍の狙撃兵（bersaglieri）[*4]の起源となる。もちろん軍の大半は依然として、旧態依然たる横隊をなす歩兵隊で占められていた。彼らは凝集した隊形で戦闘し、将校たちの定型的な命令に従い銃の機械的操作を行っている。だが会戦では防御的位置はすでに、敵の攻撃に対し可能な限りの忍耐力を発揮する狙撃兵の弾幕に覆われるようになっていた。彼らはこうした弾幕を許容する箇所を防御し、敵がまさに至近に切迫するに及んで後退をはじめる。他方攻撃側もまた時代の経過と共に、狙撃兵の横一線に沿って先導されるようになった。その結果、戦場の狙撃兵たちは、同時代人が大群という言葉で言及するほどに多数となる。狙撃兵による攻撃は、陣形を組む大隊による攻撃に先行した。それは戦場から敵の狙撃兵を駆逐し、また自身の狙撃により敵を攪乱すべく、敵本隊の至近距離に接近することを眼目とする。

図１　19世紀初頭の軽歩兵

集塊をなす伝統的陣形と、散開する狙撃兵よりなる個人戦闘の訓練を受けた少数選抜部隊との連携行動。これがナポレオン時代の会戦の基本戦法であった。それはまだ限定的なものであったとはいえ、来るべきものの明らかな先駆けとなる。確かに緊密な横隊をなして戦う兵士たちは、近代の兵士の戦闘経験とは明らかに相違する何物かを代表していた。だがその一方で、二人一組あるいは四人一組をなし、地形の起伏や己が射撃能力を活用する狙撃兵の戦闘法は、今日とさほど異なるものではない。横隊をなす歩兵はかつてと同じく、華やかな制服を着用していた。それとは対照的に軽歩兵部隊は、しばしば緑色の衣服を着用したものである。それは最低限の保護色を彼らに提供するためであった。その意味でこうした軽歩兵隊の制服が、今日の兵士たちの制服と同じ色合いへと収束したのは、決して偶然ではない。一七世紀の戦争は前章で一瞥したように、隊形と戦闘の機械的かつ幾何学的観念に支配されていた。こうした観念は以後、次第に優勢となってゆく可動的かつ個人的理念へと、その場を譲ることとなるであろう。

4—3—2 横隊・縦隊・方隊

ナポレオン時代の戦争のいまひとつの革新は、歩兵隊本隊の濃密で深い陣形への回帰だ。

従来からの横隊が放擲された訳では必ずしもない。それが横隊をなす時、歩兵隊は最大限の火力を発揮し続けた。そしてイギリス人たちは歩兵隊本隊を、二、三段の横隊に配列する習慣を有していた。それは彼ら自身の操典の規定そのものを、無視する行動であった。だが横隊的隊形はそれを有効に機能させるため、一段の訓練と心理的な手入れを必要とするものである。その手中に、徴兵制によりかき集められた未訓練の部隊を抱えた結果として、将帥たちはむしろ彼らを分厚い集塊に集結させることの有効性に、再度気がついたのである。こうした集塊は士気を高め、物理的衝突によく対抗し得た。すでに旧体制時代の末期、フランスの軍事技術者はこうした体系の導入の可能性につき論じ合っている。それは六—九段をなすもので、縦隊と呼ばれることになるものだった。大革命時のフランス軍は、それをはじめて模範的に用いた軍隊であった。だが他の諸国もその採用に遅れをとることはない。プロイセン軍のように応召者によって編成された軍隊では、とりわけそうであった。操典はこうした新機軸を消化し、定式化してゆく。いったんそれが実現した以上、大隊長以上の役職にある野戦指揮官たちは、以前には知られなかった部隊行動の一連の可能性に直面することとなるだろう。彼らは兵士たちを横隊に配置するか縦隊に配置するか、その都度選択することができるようになった。縦深の深浅が異なる両者のうちどちらを選択するかは、戦闘の状況を踏まえて判断される。その選択の基準は、火力に頼るかそれとも衝突力に頼るか、彼らがどちらを望むかに基づく。

過去二世紀にわたり歩兵隊の陣形は、火力の最大化を唯一の目的に改良が進められてきた。だがここに至って銃剣による突撃に焦点を当てるほうが、いっそう革新的なのではないかと多くの者たちが考えるようになったわけである。銃剣突撃には素早さと衝突力があった。それゆえこれこそが脆弱で静止的な横隊陣形を、危機に陥れることが容易にできると考えられたのだ。だがこうした縦隊の効用の大半は、実は空想的なものでしかない。にもかかわらず欧州の軍人たちはこの後一世紀の間、かかる縦隊を編成し続けた。それが永遠に葬り去られるには、第一次世界大戦時の機関銃の登場を待たねばならなかった。

図2　フランス軍の親衛騎兵

他方騎兵隊もまた、白兵戦に対する信頼を多少とも取り戻しはじめていた。それはこうした騎兵の突撃に対抗すべく、歩兵のために方陣という新たな陣形が導入されねばならないほどだったのである。いろいろな操典のさまざまな規定に応じ異なる形態をとるものの、こうした方陣は頭も背中もない陣形で、肩を寄せ合う人間たちの集団からなる相当数の戦線を、あらゆる方向に晒していた。こうした陣形は射撃に先立ちまず銃剣の穂先により、騎馬隊を寄せ付けないようにした。ナポレオン時代の会戦において騎馬隊の突進力は、きわめて恐れられていた。そのためある地点が歩兵隊により防御される際にも、あるいはある地点から移動する際にも、方陣がしばしば利用されている。ワーテルローの戦い[*5]における皇帝親衛隊の最後の突撃は、まさに方形陣によって敢行されたのだった（図2）。

4―3―3　会戦の新しい概念

こうして歩兵隊の各ユニットは臨機応変に横隊や縦隊、方隊へと隊形変換できるようになった。ある陣形から別の陣形へと転換させる決定的決断が、ひとつの会戦において幾度にもわたり下される。大隊や連隊の指揮官はこうした決断を、瞬時に行わねばならなかった。その結果として軍の個別単位は、新たなより大きな戦術的自由度を獲得しはじめる。反対に将軍たちはと言えば、完全なる機械仕掛のように全軍を幾何学的に操作すべく、線的な陣形に配置するのを断念する方向に進んでゆく。啓蒙主義的理念に基づく会戦は、本質的に合理的なものたるべきであった。その眼目は自軍の機械的訓練の効果により、敵軍に当方の意志を強要することに存する。そしてこうした会戦は、ほとんど卓上において計画され、実行に移され得るものと目されていた。だがナポレオン戦争期に入るにつれこうした戦争観念は、これとは全く異なる観念へと席を譲ることとなろう。この新しい観念のほうが、今日の我々にはより親しみのあるものに違いない。こうした新しい観念は啓蒙主義時代のそれとは違い、戦争における複雑性や摩擦そして偶然を念頭に置いている。そこにおいて勝利は、定理の完全無欠なる提示としてよりむしろ、戦闘中の些細な二次的効果の蓄積の結果と理解される。こうした些細な効果は注意深い指揮官により、容易に知覚され、また活用され得るものに他ならない。

戦争に対するこうした新たなアプローチには、進歩した戦争哲学が内包されている。このような哲学はこれを、ナポレオン期の戦争に専心した最も重要な軍事理論家が記した、ある記憶すべき一節に明瞭に読み取ることができよう。すなわちプロイセン人クラウゼヴィッツ（図3）は、その死後の一八三二年に刊行された論考『戦争論』[*6]において、次のように語る。

今日、一般的にみて大戦争の本質は何であるか
縦深陣形をとって対峙し合う二つの大軍は、静かに定位置につく。全軍の中から比較的小人数の一部隊が突出し、これが戦闘中に消耗される。この先鋒部隊による戦闘は、数時間にわたり展開される射撃戦とそれに続く銃剣による攻撃、そして騎兵の突撃によって構成される。最初に進出したこの一部隊は、次第にそのエネルギーを消耗し尽くしてゆく。ほとんど効果のない前進を行うこと以外、行動に余力が無くなるとこの部隊は後退する。そしてそれに代わり、別の一部隊が進出することになる。

このようにして新しい様式の戦争は以前のそれに比べ、その破壊の強度が抑制された様態の下に展開された。それは燃え燻る、湿った火薬のようなものとなった。夜の帳が降りて、戦闘は停止のやむなきに至る。なぜなら両軍共に敵方を、十分見極めることができなくなるからだ。このような状態ともなれば両軍どちらも、遮二無二偶然に賭けてみようなどとは思いもしない。この夜の帳の

中で両軍は、依然戦闘可能な者がいかほど残っているかを、噴火力が尽き果てた火山のごとく崩れ折れていない者たちが、いかほど残っているかを、それぞれに算定する。そしてまたどれほどの土地が占領されたか、あるいは奪い取られたか、軍の後背の安全性はどうかといったことが判定される。これら個別の結果は、戦闘中に彼我双方の軍において認識されたと信じられる勇気と怯懦、練達と未熟をめぐる個別の印象と綜合される。そこから勝敗に関する総合的判断が引き出されるのだ。かくして戦場から撤退するか、それとも翌朝戦闘を再開するかの決断が、自ずと下されるようになる。

図３　クラウゼヴィッツ

クラウゼヴィッツによるこうした証言は、全力をもって決戦を追求するという、ナポレオンに帰される理念と、通常は齟齬するものに思われもしよう。ここで言う決戦とはすなわち敵軍の崩壊を、そしてできうべくんば戦役自体の速戦即決的勝利を目標とする殲滅戦と解される。条件が許容するなら皇帝が、こうした結果を常に求め続けたことは間違いない。だがそれが可能となることが、稀にしか生じなかったのも事実なのだ。ともあれナポレオン時代に会戦が決戦的なものとなったのは、対戦し合う両軍の規模や戦力が、ここまで述べてきたように、きわめて巨大化したからである。その結果として両軍の双方が、会戦の勝敗に期待する重要性は非常に大きくなった。それは戦場での敗北が敗者に、敵政府との和平交渉の開始を直ちに余儀なくされるほどのものであった。一九世紀の多くの将星は、殲滅戦というナポレオン神話に幻惑されてしまったようだ。だが現実のナポレオンの戦争はクラウゼヴィッツが述べたように、二〇世紀の戦争を支配した消耗戦とこそ比較すべきであろう。現代の物量戦を基準とすれば、未だごくささやかなスケールにとどまっていたにもせよである。皇帝の勝利の秘訣は、戦術の優位にあったのではない。彼の勝利の秘訣はむしろ、武器や軍需品の数量的優位にかかっていたのだ。

4―3―4　大砲の使用

同様の二面性は以下に語られる、ナポレオン戦術における革新の最後の側面においても見出される。すなわち大砲の攻勢的使用のことである。自身が砲兵将校であった皇帝は、戦争において大砲に多大な重要性を認めていた。その軍中における砲兵隊の比率を高めることに、彼は余念がなかったのである。一八〇五年のアウステルリッツの戦い*7において彼は、七万三千名の軍に一三九門のカノン砲を配置した（図4）。それどころか一八一五年のワーテルローの戦いでは、六万九千名の軍に二五六門を配置するに

図４　ナポレオン軍の砲兵

至っている。一八世紀後半には大砲の分野においても、顕著な技術的改良が実現している。こうした改良を通じて、少なくとも戦場が広々としてかつ乾燥した土地である場合、以前に比して大砲を迅速に移動させることが可能となった。その結果大砲を単に防御のためばかりでなく、攻撃のためにも活用する戦法が出現する。この技術改良により、輜重のため民間人を使役することが最終的に不要となった。これは換言すれば、大砲を人力で定位置に配置すべく、戦場後方で砲車から分離することが不要となったことを意味する。逆に言えば砲を、それが実際使用される瞬間に、砲車から切り離すことができるようになったわけである。こうして戦闘中ずっと、荷馬の牽引により大砲は移動するようになってゆく。会戦中に大砲は、敵からわずか四〜五メートルの地点まで前進するようになる。それは歩兵隊のマスケット銃兵ですら不可能な距離と言えた。かくして、歩兵の縦列隊による攻勢に移ろうとする防御側に、大砲は大きな損害を与えるようになった。

この時代から現代に至るまで、戦争様式は大きく変化してしまった。にもかかわらず、予備砲撃の概念はきわめて近代的なものだ。今日に至るまで、絶えることなくそれが活用され続けているからである。戦線で決定的攻撃が企図される箇所にこそ、最大限のカノン砲を集中することが望ましい。このことを理論化したのが、ナポレオンその人なのである。彼の独創性はまさにこの点に、あますところ無く発揮されている。なぜなら同時代の他の指揮官たちはむしろ、戦線全てにわたり砲兵中隊を均等に配置する方向に傾いていたからだ。だが砲兵隊はそれのみでは、敵の布陣を粉砕し尽くすことはできなかった。限定された戦局においてすら、それは不可能だったのだ。当時の砲兵隊はいかに集中しようとも、砲撃を際限なく継続することができない。なぜなら砲撃の頻度は、弾薬の備蓄により規制されていたからである。この弾薬の補給という作業は、この時代にあっては面倒きわまりない作業であった。その結果として砲兵隊の役割は結局、敵部隊の消耗に限定され続ける。それゆえ大砲というこの側面においても、ナポレオン期の会戦の最終目標が実は、敵軍の全面的殲滅にあったのではないことがわかる。この時代の会戦の真の目標とは、自軍が粉砕されたことを敵に自覚せしめることに存したのだ。敵軍は損耗に追い込まれたことにより、交戦の継続を断念するに至るのである。

4―4　戦略

4―4―1　軍の内部区分

革命戦争とナポレオン戦争の時代、ヨーロッパ諸国は四半世紀にわたり生死を賭けた戦いを繰り広げた。この戦いはイデオロギー的な含意を有するものである。その賭け金は主として諸民族の自由と生存だと考えられた。ナポレオンこそは何者にも増して、この新たな現実を摑みとった人物に他ならない。彼はそこから、そのしかるべき帰結を引き出したのだ。今や戦争の目的は、地方の征服やある程度重要性をもつ国に対する王朝交代の強制ではない。そんな戦争はもはや、何の意味も持ち得ない。戦争は国家の生死を賭け、敵の殲滅という唯一の目標に向け企画されるものとなる。こうした目標の完遂のため、それは最大限の残忍さにより繰り広げられた。ナポレオンは旧体制時代の制限戦争を、全面戦争にすり替えてしまった。それは同時に、電撃的な作戦を可能な限り目指すものともなる。問題の解決手段を決戦に求めるなら、目標達成のためには、ただひとつの会戦だけで十分であった。なぜならそのような会戦における勝利は、敗者の側の抵抗心を木っ端微塵にするのに十分だったからだ。

図5　ライプツィヒの戦い

この当時、諸国はその保有する人的資源を最大限に動員する体制を整えつつあった。その結果として各国の軍隊規模は、瞠目せんばかりに増強されている。だがこうした傾向は、決戦重視という文脈を前提とすれば、決して驚くべきこととは言えまい。フランスは戦場に、一〇〇万人の兵力を投入し得たと言われている。だがこれは兵士たちが、戦場においてひとつの軍勢を構成したことを意味するものではない。言うまでもないことだが、こんなことは全くもって考え難かった。そればかりではない。一〇〇万の大軍など当時においては、これを管理することがもともと不可能な規模なのだ。だが個々の軍隊が、目覚ましいばかりに拡張されたことは確かである。ここで我々は〈軍隊〉という言葉を、一将軍が直接に指揮してある一日、同一の会戦に、全体として参加し得る軍事力を指す言葉として使っている。七万〜八万人という兵力は当たり前のものであった。あるいはむしろ、慎ましいものとさえ考えられていただろう。一八〇九年のワグラムの会戦[*8]においてナポレオンは、一七万人の兵士と五〇〇門のカノン砲を指揮した。一八一三年のライプツィッヒの戦い*[9]では、一九五〇〇〇人の兵士と七〇〇門のカノン砲を率いるに至っている（図5）。

ナポレオンにはこれと同様の多数の兵士を、戦役において保持し有効に操作する能力があった。このことはナポレオン戦略の、主要な質的飛躍点を表すものであろう。こうした方向性の端緒は、一八世紀後半すでにある程度は存在していた。だがその確立は、ナポレオンがその天才的能力によって発展させ、組織化に成功した革新に基づいている。この時代の戦争の他の側面と同様にだ。特に内的分節をともなう有機体として軍隊を操作することを可能にする、その組織化が推進されたことが重要であろう。これにより、無数の大隊よりなる不定形の全体として軍をとらえた、従来のあり方が克服されていく。革命戦争の進展と共に、師団というものの活用が一般化されはじめる。各々の戦役の当初、軍は数個の下位の組織体に区分されることになるのだ。これらの組織体は、一定数の歩兵大隊や砲兵中隊を包含するものであった。一人の将官により指揮されるこの組織体は、約五千人から一万人の兵力を擁している。

これこそはより柔軟で操作の容易な組織体に向かう、重要な歩みの第一歩に他ならない。だがナポレオンは軍隊の最終的成長段階として、軍団というこれまでにない組織体を創出した。これは師団より大きな戦力で、旧体制時代の一軍全体に比肩する二万―三万人の兵力を有する集団である。軍団はあらゆる機能において、自立的な戦闘集団と認識された。それは重砲を配備し、また予備隊や騎兵隊をともなう、一会戦をそれ自身で担当し得る軍事組織体だ。ナポレオン戦略の基本原理は、こうした諸軍団の相

図6　ナポレオンとその参謀たち

互依存の上におかれる。これらの諸軍団は、単一の有機体の各要素として働くことを要求される。その結果こうした諸軍団は、組織と補給の面において自律的存在であるにもかかわらず、互いに支援し合うものとなるのだ。

師団制と軍団制の導入は、軍事史上この時代の決定的な革新性を示す。こうしたタイプの組織はその後も、それどころか現代に至るまで用いられ続けている。だがこれらに加えその他にもまだ、いくつかの側面を検討することが必要であろう。この時代に生じた諸現象の戦争指導上の帰結を、余さず評価するためである。第一にナポレオン時代は、参謀部の概念が初めて姿を現してきた時代であった。参謀部とは各部隊のあらゆる実務面の管理のため、司令官と協働する将校たちの一団に他ならない。その任務は司令の伝達から進軍経路の選定や、軍の宿営地の手配、補給倉庫や輸送車両隊の配備に至るまで多岐にわたっていた。もちろんナポレオン時代の参謀部は、依然初歩的なものでしかなかった（図6）。むしろこの組織はこの後、一九世紀中に目覚ましい発展を遂げることになる。とはいえこの時代におけるその出現が、軍の組織的効率の質の飛躍を示すものであったことは間違いない。軍団や師団の司令官は、参謀長に補佐される。後者は少数の幕僚を配下におき、軍団や師団の管理業務に従事した。こうした参謀部の活用により大軍の司令官は、その命令を素早く伝達できるようになっていく。参謀部を通じて伝達される命令は詳細にわたり、またその戦力の各部分に対しそれぞれ異なるものとなっていた。この詳細で多様な命令により、司令官はこれまでに比べ、よりいっそう直接的なやり方で全軍を掌握するようになる。もっと小規模な軍隊を指揮したに過ぎない旧体制時代の将軍たちにとってすら、それは不可能なことであった。こうした参謀部を通じた命令伝達により、各部隊の移動や補給をさらに柔軟に果たすことも容易となった。

4―4―2　移動

かかる革新がいっそう効果的であるとされたのは、移動の分野である。これこそが次第に、勝利の真の秘訣となってきた。ナポレオンの兵士たちは、戦役における皇帝の勝利が、彼らの銃剣によってではなく、むしろ彼らの足によってかちとられたのだと言っている。作戦を計画するということはいまや、互いに離れ相異なる場所に位置する諸軍団に召集をかけることを意味した。それは同時にこれら諸軍団の行軍速度を、どの方面から脅威が切迫してくるか敵が戸惑うように、調整することをも意味していた。軍の主力ができるだけ素早く、決戦地点に集結できるようにするためである。このようにして敵軍は、彼らにとり不利な場所での会戦に臨むことを強いられてしまう。先に触れたように旧体制期末期には、地図学の分野で決定的な進歩が生じていた。ナポレオン軍の速度による勝利は、こうした地図学上の進歩無くしては不可能であった。将軍たちは道路網に関する、それ以前には存在しなかった完全な地図を活用するようになる。またこの新しい戦争において兵力は、一見すると作戦の広範な舞台上にまき散らされているかのようである。だが参謀部は地図情報を念頭に、散在する兵力を統一された有機体として作動させつつ、複雑な作戦運動を立案するようになっていく。

と同時にこうした部隊の散開と集結こそ、地域の資源を早々と枯渇させることを回避し得る唯一の手法であった。こうした手法によってのみ、巨大化した軍隊を戦場に維持することが可能となる。実際に軍隊というものは、数千数万の人間の宿泊地や飲料水、燃料としての薪、軍馬の飼料等に関する、乗り越え難い諸問題に絶えず悩まされてきた。これらを克服することなくして、大軍をある狭い区域に集結させることなどできない相談である。その解決の秘訣は全軍を、決定的会戦の瞬間に限り同一場所に集結させることに存した。そのためには、互いに遠く離れ合った諸地域に分散する各部隊を、道路網の利用により、速度を調整しつつ分進させることが不可欠であった。一八一二年の夏、ナポレオンは五〇万の大軍と共にロシアに侵攻する[*10]（図7）。その時の前線は、延々四〇〇キロにも及んだ。この大軍はあたかもひとつの有機体の諸部分であるかのように、連携しつつ一団をなして行軍している。その眼目はこの大軍の大半を、ある特定の期日にロシア軍と会戦すべく引率していくこと、それ自体におかれていた。「行軍、それこそが戦争だ」と皇帝は言っている。勝利の秘密は、圧倒的な軍勢を敵の思いも寄らぬ場所に、集結させることにかかっている。それも敵の想定外の迅速さによってである。このような原理は今日なお、戦争術の核心のひとつをなしている。

図7　ナポレオンのモスクワ遠征

ナポレオンは、移動の迅速さこそ戦争の基本であると考えた。そこで彼は自身の軍隊を、軍需物資集積所や輜重車から可能な限り解放しようと試みる。これらはまさに、旧体制下の軍隊の移動を制約したものに他ならない。ナポレオンが活躍したこの時期、こうした制限的条件が消滅した訳では必ずしもない。それどころか戦争の準備には、兵糧や武器弾薬、軍服や軍靴の巨大な備蓄庫の準備が、従来を上回る規模で必要とされるようになっていた。だがナポレオンはその軍隊が、輜重車による補給に煩わされず戦闘に従事できることを望んだのである。そこで彼は古式ゆかしい手法に、頼り続けることを余儀なくされた。すなわち文明化された一八世紀が抑制しようとした、当の手段である。それはその必要とする物資の全てを、兵士たちがその土地から徴発し自給自足するという手段に他ならない。もちろんこの時代の軍による強制徴発が、一般市民に対するその残虐さの度合いにおいて、一六―一七世紀の水準に遠く及ばなかったことは確かである。だがナポレオンが用いたこうした先祖返りにより、戦争は再び市民にとり恐ろしくも破壊的な鞭となる。軍隊の通過はまたしても、その背後に貧困と破壊を残すものとなった。だがそのお蔭で、軍事作戦のリズムは驚くほどに素早くなる。フランスの軍団は一日あたり三〇キロを走破できた。このスピードは、敵軍の間にパニックと驚愕を引き起こすに十分なものだ。戦争は以前と比べ、はるかに流動的かつ力動的なものへと変化していく。

4―4―3　包囲戦の黄昏

一八世紀半ばの戦争の主役だった包囲戦は、この文脈の中で再編されることとなる。逆に言えばこうした包囲戦の展開は、包囲用の大砲の進歩に依存していた。なかんずく榴弾砲や迫撃砲のような、抛物線状の射程をもつ軽砲に依存していたのだ。こうした砲撃は防衛線を越え、城壁の内部で砲弾を爆発させた。内部に宿営その他の建造物を配備した、砲弾にもびくともしない要塞を建造することは当時、きわめて費用のかさむ事業であった。当時のどのような政府といえども、こうした作業に二の足を踏んだことだろう。その結果諸要塞の大半が、次第に放擲されていく運命を避けられなかった。他方大都市を防衛することは、依然十分に可能であった。都市の規模そのものが、大砲の砲撃から都市を防御したのである。事実革命戦争とナポレオン期の戦争においても、いくつかの重要な都市包囲がなおも行われている。例えばフランス側についたマインツに対するプロイセン・オーストリア連合軍による包囲*[11]（一七九三）や、ナポレオン軍によるウェリントン公側に走ったスペインのバダホスの包囲*[12]（一八一二）がその事例に他ならない。

だがこの時期に出現した戦闘の新たな手法は、多数の守備隊をおいて都市を防衛するという、従来の理念自体を古くさいものにしてしまった。この時代に軍隊は以前にまして強大なものとなり、軍隊は要塞押さえにその兵力の幾分かを後置してもなお、田園地方を占領し得るほどになった。こうした軍隊はこのようにしてもなお、野戦に勝利をおさめることができるほどに強力だったのである。その上新しい軍隊は、先に論じたようにその運動性がきわめて高い。それゆえどの要塞が攻撃の対象となるのか、防御側が予め予見することはほとんど不可能であった。したがって国土防衛を要塞に依存する場合、戦力の大半を守備隊に割くことが不可避となる。これは裏を返せば不十分な人員・資財によって、決戦に臨むことになる危険を覚悟しなければならないということに他ならない。たとえ首都であろうと都市を防衛するための最良の手法は、その城壁内に立て籠もることではもはやなくなった。都市防衛の最善策は、城外に突出して一戦に及ぶことだということが、広く受容されはじめる。かくして包囲に対抗することをある都市に可能とするがごとき防衛手段は、野戦で敗れた者の最終手段たり続けたのである。

4―5　海戦

純粋に技術的な進歩の乏しさこそは、大革命期及びナポレオン期の戦争を特徴づける一側面であった。それは海戦という分野においても確認できる。アブキール*[13]とトラファルガーの海戦*[14]で対峙した諸艦隊は、七年戦争*[15]中に戦闘を行った艦隊に類似したものであった。それどころか一部の事例においては、その時と同一の艦船によって編成されていた場合すらあったのである（図8）。トラファルガー海戦におけるネルソン提督の旗艦は、高名なヴィクトリー号である。この戦艦はなんと、一七五九年に建造に着手された船だったのだ。艦隊は三本マストを備え七〇門から一〇〇門以上のカノン砲と、ほとんど千人に達する乗組員を搭載する戦艦を主力に編成される。四〇門から五〇門の大砲を積載する高速のフリゲート艦が、艦隊において戦艦を補佐する役割を引き受ける。当時の艦隊はこれら戦艦やフリゲート艦に加え、コルベット*[16]やブリガンティン*[17]など多数の小型艦艇によっても構成されていた。速度についていえば戦艦は、八～九ノットの速度を出すにとどまった。一方一八〇〇年頃に建造されたフリゲート艦は、不断に洗練されていく帆装の賜により、一三―一四ノットの速度で航行できた。このような艦隊の多様性は過去と同様、海洋戦略のそれぞれの必要に即応するものである。一方で敵を殲滅し大洋全体に戦略的支配権を獲得する、強力な戦闘艦隊が必要なことは言うまでもない。だが他方で植民地の毛細状のネットワークを利用し、敵の港湾を封鎖し、またその商業交通路を遮断する、多数の高速小艦艇も不可欠である。こうした高速の小艦艇の支援があってこそ、戦闘艦隊により獲得された海洋支配権は、より確固としたものとなったわけだ。

図８　トラファルガー海戦

ナポレオン期の海戦には、それ以上に重要な側面がある。すなわち、次第に疑う余地のないものとなっていく英国の海洋覇権である。イギリスはすでに一八世紀中頃までには、その伝統的ライヴァルたるフランス及びスペインに対し、海洋において優越的な立場に立っていた。イギリスはフランスやスペインを餌食に植民地帝国を拡大し、カナダを征服しまたインドにおいて基地網を確立したのである。だがライヴァルとなる諸国の艦隊も、大洋支配権をイギリスと争うに十分な力を依然として保有し続けていた。なかんずくフランスの艦隊がそうである。数量的にみて英国の優位は疑いを容れないものであった。だがそれでも未だその優勢は、圧倒的なものとなるに至ってはいない。大革命勃発時フランス艦隊の稼働可能な戦列艦が八六隻だったのに対し、イギリス艦隊のそれは一五三隻であった。だがナポレオン戦争の期間中に英国政府は、海上軍備に莫大な資財を投入した。一八一〇年、英国艦隊は二四三隻の戦列艦を含む千隻以上の艦船と、一四万二千人に達する海兵を擁するに至っている。同じ頃フランス海軍は、二〇年前に比してもはるかに弱小なものに成り果ててしまっていた。ナポレオンにより等閑に付され、また相次ぐ敗戦で消耗しきってしまった結果である。イギリスの海軍力の飛躍的増強と、フランスならびにスペインの海軍の没落。そのおかげでナポレオン戦争末期、イギリスは諸大洋の真の女王となった。イギリスのこの優越は、二〇世紀前半まで続いていくこととなろう。

4—6　結論

革命期とナポレオン期の戦争の記述の総括は、戦略的及び戦術的側面そして純然たる技術的側面を超えた観点から、これを行う必要があると著者は考える。つまり単に軍事史のみならず、文明史という長いタイム・スパンを踏まえた展望において、戦争のよりいっそう重要な諸側面を強調することが肝心なのである。まさにこの時代に戦争は、一国の人的・経済的資源の全てを、ある一戦に投入するものとなった。このような一戦はその勝敗はともあれ、ある民族の自由と存立がそこにかかっていると目される大事件だっのである。つまりその民族の、生死がかかった事象と観念されたわけである。ナポレオン時代のいくつかの戦役は、人民戦争やゲリラ戦、侵略者に対する民族の資源の熱狂的動員といった諸概念の、まごう方なき実験室であった。一八〇八年から一八一三年までスペインで繰り広げられた諸戦役*18や一八一二年のロシアにおけるそれこそが、その好例に他ならない（図9）。我々にはすでに目新しくもなんともないものだが、当時においてそれは新鮮な出来事であったに違いない。この時以後一九世紀を通じて、戦争はかかる全体主義的かつイデオロギー的含意を有するようになっていく。そうした側面に気づくのは、今日の我々にとり無論さほど困難なことではない。この時代に発端をもつ民族の総力戦という傾向は、二つの世界大戦にお

図9　スペイン・ゲリラの処刑

いてその頂点を迎える。西洋諸国にとり戦争が、一九世紀の戦争に比べやや異なるものに変化したのは、ようやく朝鮮戦争*[19]とヴェトナム戦争*[20]以後のことだ。確かに今日においても、戦争のイデオロギー的ないしはプロパガンダ的含意は、根強く残存しているかもしれない。だが二〇世紀中盤以降の西欧諸国は、総力戦ではなく制限戦争を強く志向するようになる。このような戦争の目的は敵の殲滅にあるのではない。国際世論への配慮もあって戦争の目的は、概して厳密に限定されたものとなって来ている。このようなアプローチが、アメリカのヴェトナム戦争への介入のように、破局的帰結をもたらすことも無い訳ではない。だがその一方で一九八二年のフォークランドをめぐる戦争へのイギリスの関与のように*[21]、華々しい成功をおさめたものが無い訳でもない。あるいは一九九一年の第一次湾岸戦争の事例のように、曖昧な帰結にとどまってしまった場合もあろう。だがこのような制限戦争的アプローチは、総力戦に代わり、現代においては戦争に関する優勢なアプローチとなっている。

ともあれ西欧文化における戦争の役割という点に関して、革命戦争とナポレオンの戦争こそが、新しいそして恐怖に満ちた歴史的局面を開幕させたのだという印象は拭い得ない。それは第二次世界大戦の悲劇によって頂点を画し、また結論づけられた局面である。

ナポレオンの同時代人たちもまた彼らの直面する歴史的展開につき、十分自覚的であった。それゆえ再度クラウゼヴィッツを引用すること以上に、本章を締めくくるのに適切なやり方はないであろう。

ナポレオンの大胆さにより、旧来の慣習的作法は滅茶滅茶にされてしまった。言ってみれば第一級の強国が、一撃で潰滅させられてしまう可能性があるということである。スペイン人はその執拗な闘争により、国民軍の獲得と大規模な暴動という手段の力を如実に示した……一八一三年にプロイセンは民兵軍による泥縄式の努力が、軍の通常戦力を一挙に六倍にできることを証明して見せた。同時にこの国は、自国の内外でこうした民兵軍が、伝統的軍隊に劣らぬ奮戦を示すことが出来ることをも認識した。実際これら全てのことは国勢の形成において、民族の魂と感情がどれほど巨大な要素を産み出すことが出来るかを、明らかにしたのである。全ての国の政府がこの資源を理解するようになった以上、未来の戦争においてこれらの諸政府が、かかる資源を等閑にすることは想像し難い。その国家の存続が脅威に晒された時にも、そしてまたそれが激しい野心に突き動かされた時にも、諸政府は民族の魂と感情というこの巨大な資源に、躊躇なく手をつけることだろう。

その他の事柄についてと同様にクラウゼヴィッツはここで、予言者としての能力を存分に発揮している。革命期とナポレオン期の進行中、歩兵の手中のマスケット銃や大洋を航行する帆船が、旧体制時代の水準にとどまったことは事実であろう。だがまさにこの間に戦争は、西欧の生活におけるその意味を根本的に変化させてしまったのだ。

訳者あとがき

一九九〇年代以降のグローバリズムの進行の中で、近代国家の終焉が語られて久しい。それが国際経済の加速度的拡大やそれにともなう、人間の全世界的移動、あるいは世界語としての英語の覇権といった諸側面に由来することは言うまでもない。だがこれら諸傾向と雁行し第二次世界大戦後一貫して進行した現象として、国家の自衛権の集団化を指摘できるだろう。古くは北大西洋条約機構とワルシャワ条約機構という、軍事同盟に基づく二つの集団的安全保障機構が東西冷戦を主導した。二一世紀の今日、東西冷戦における勝利にもかかわらず、アメリカのごとき覇権国すら、中東問題によって明らかなように、自己の外交目的を貫徹すべく単独軍事行動に踏み込むことは、きわめて困難になっている。そのことは主権国家とは言いながら、イギリスやフランス等のいわゆる中型の「大国」においてはなおさらであろう（こうした中型「大国」に我が国を含めることもできる）。

こうした状況を踏まえ欧州各国は経済統合を起点にEUを結成、統合は経済を越え法制や軍事にまで及ぶようになった。EU軍の創設が提唱され、仏独合同部隊の編成が報道されたのも昨今のことだ。我が国において喧しいTPPの論議もその実現の暁には、EU的な超国家の設立へと突き進むことも予想される。複数の超大国が対峙し合う、オーウェルの『一九八四』のような世界が、半世紀ほど遅れて現実化するのだろうか。だがこの動きは見方を変えれば、近世初頭欧州諸国で繰り広げられた歴史を、一段水準を上げて繰り返しているだけとも言えるだろう（こうした近世初頭としての一六世紀と超近世初頭としての二一世紀の本質的相似性については、水野和夫氏の『終わりなき危機――君はグローバリゼーションの真実を見たか』、日本経済新聞出版社、二〇一一年が参考になる）。すなわち近世初頭においても、地域経済が国民経済へとその地平線を拡大することと平行し、この新たなる広域経済を保護すべく中央集権政府が編成され、封建的規制の撤廃や貨幣・度量衡・言語の統一が促進された。それのみではない、こうした国民的経済圏・国民的政治圏の形成はその内外の摩擦を激化させ、欧州諸国はこれ以後、世界の制覇の傍ら相互間において間断無い戦争を繰り広げていくこととなる。こうした近代国家の形成における経済－政治－戦争の三側面のうち戦争に光をあて、戦争こそが近代国家を創出したのだととらえるのがM・ロバーツやG・パーカーを嚆矢とする「近世軍事革命」論に他ならない。近代国家はその国力の増強を介して、当初はその負担が不可能にすら思われた、戦争の巨大化と高度技術化を担い得る水準に達したのである。

現在と過去の原理的類似点はまさにここにある。グローバル経済の進展は、域内の経済的・政治的・文化的障壁の撤廃を要求するが、それに責任を持ち得る政治権力を我々は未だ有してはいない。一方グローバル経済が進展すればするほど、その基本ユニットとしての広域経済ブロック間の利害の対立も深刻化しているように感じられる。だが他方で第二次世界大戦以降の軍事の巨大化と高度化は、近代国家の域にとどまる限り超大国すら、その財政的負担に耐えかねる段階にまで到達した。こうした状況こそが、民族と言語の一体性の神話に支えられた近代国家の終焉を語ることを、我々に余儀なくさせているのである。軍事面においてこの終焉は、主要各国における徴兵制の相次ぐ廃止に如実に見て取れる。一六世紀のマキアヴェッリの提唱以来、徴兵制こそは近代国家のひとつのメルクマールであった。我が明治政府における初期の最大の懸案はまさに、この徴兵制の導入に他ならなかった。在地社会における身分や富、教養を度外視して、国民を一律等し並みに兵舎に収容する徴兵制こそが、近代的な民族の神話の根底に擬制される社会契約の再確認だったのだ。主要各国における徴兵制廃止の軍事＝政治社会学的研究を筆者は寡聞にして知らない。だがこうした側面からも我々現代人は、己が属する近代国家との社会契約から確実に逸脱しはじめている。

さて前置きが長くなったがここまで縷々述べてきたように、軍事の歴史社会学を通じ近代史を回顧することは、我々がいまどのような状況にあり、どのような状況に向かおうとしているかを知る上で決して無駄なことではない。訳者は従来から、マキアヴェッリの政治思想を通じ近世初頭、ルネサンス期イタリアの政治文化史を考察してきた。この間たまたまマキアヴェッリの『戦争の技法』の翻訳を公にし、その予備作業としてルネサンス期イタリアの軍事史、ひいてはこの時代に端を発する近世軍事史の全体に親しむ機会にも恵まれた。当然ながら話題となったロバーツやパーカーの「近世軍事革命」論をも参看し、その論旨からマキアヴェッリにおける政治と軍事の一体化という思想の現実的文脈を逆照射し得たようにも感じている。大学教員として研究成果を学生諸君と共有しようとの目論見のもと、近世軍事革命という視座から、マキアヴェッリの軍事＝政治思想を講ずる試みも行った。こうした実践の中で、「近世軍事革命」論の全貌を要領よくまとめた教科書的読み物があれば、自身の研究の一助ともなり、また学生諸君に裨益する処も大きいのではないかと考えるようなった。たまさか用務でイタリアはトリノ大学に出張中、トリノの街をぶらつきながらたまたま入った書肆で手にしたのが、今回翻訳を試みたアレッサンドロ・バルベーロの著作『近世ヨーロッパ軍事史』（原題 La Guerra in Europa dal Rinascimento a Napoleone, Roma, Carocci, 2003）である。原著で一〇〇頁ばかりの小品と言うこともあり、当初は所詮中学生向けの入門書といった軽い気持ちで読み始めたのだが、読み進めるうち次第に本書がロバーツやパーカーに代表される、ヨーロッパの軍事史に関する最先端の学問的成果を、それも軍事史にとどまらぬ社会史や文化史に渉る広角から、平易かつ明晰な言葉で叙述し切った好著であることがわかってきた。

著者のバルベーロ氏は一九五九年生まれ、一九八四年にイタリアの最高学府ピサ高等師範学校を卒業後、直ちにローマ大学の中世史講師に迎えられ（大学の教員ポストが日本以上に希少なイタリアにおいて希有の経歴である）、現在イタリアの東ピエモンテ大学の文哲学部の中世史講座の正教授を務めている。本書を含め二〇冊以上の著作があり、それのみでも研究者としての能力の高さを十分に伺うことができるが、その中には『ヴェネツィアの眼』（Gli occhi di Venezia, Milano, Mondadori, 2011［マンゾーニ章受賞］）

のごとき小説も含まれている。小説を書くイタリアの大学人として我が国には、『薔薇の名前』の著者ウンベルト・エーコが知られているが、エーコやバルベーロ氏に限らず小説にも手を染める学者はかの国には少なくなく、専門領域に閉じ籠もりがちな我が国の人文系の学者にはない、幅広い文人的知性を感じざるを得ない。また本書と同年に刊行され本書の姉妹編とも言える氏の歴史研究上の著作のひとつ、『戦闘―ワーテルローの歴史』は広くヨーロッパ各国に紹介され、八ヶ国語に翻訳されているという。また氏の活動は著作以外にも及び、イタリアの国営放送局RAIの歴史を扱ったテレビ番組にも講師としてたびたび出演している。訳者も一度録画で氏の出演するテレビ番組を視聴する機会を得たが、二時間近い講演中メモらしきものも全く見ず、カール大帝やフリードリヒ大王につき縦横無尽に説き明かすのを目の当たりにし、その卓越した知性に賛嘆したものであった。

本書の監訳の任に当たって下さった西澤龍生先生（筑波大学名誉教授）のお名前にも、感謝の念を込めてこの場を借りひとこと言及させて頂きたい。元来授業用の手控えのつもりで作った訳稿を一読、その価値に気づき訳書の刊行を勧めて下さったのが西澤先生である。先生には今回この書の刊行を引き受けて下さった論創社をご紹介下さったばかりか、出版の打ち合わせにも煩を厭わず毎回同行して頂き、貴重な助言を数々賜った。本書が曲がりなりにも読者の玩読に耐えるような仕上がりになったとすれば、それは偏にその卓絶した語学力、文章力に裏打ちされた、西澤先生のご助言の賜である。また原著にない訳注を作成するに際しても、先生の該博な知識にたびたび助けられた。思えば西澤先生の謦咳に接しその薫陶を受けるようになってから、三〇年以上の月日が経過している。まだ大学四年生だった訳者に最初の学術論文投稿を勧めて下さったのも、イリタア研究の道に進むよう最初に御慫慂下さったのも西澤先生であった。また訳者が軍事史という分野に関心を抱いたのも、先生が企画された『近世軍事史の震央』（彩流社）という論集に参画させて頂いたことを端緒とする。私の研究生活は結局、西澤先生の手の中で飛び回っていただけなのかもしれない。幸い先生の手があたかもお釈迦様の手のように広大無辺なものであったお蔭で、今日まで勝手気ままに飛び回らせて頂けたのだとも思う。先生とのささやかながら最初の、この共同作業をなし得たことを誇りとしたい。また最後となったが、門外漢だった私に、軍事史研究の分野における研究上の便宜を計って下さった戦略研究学会の皆様、懇切丁寧な本作りをして下さった論創社の松永裕衣子さん、そして私の生活の同伴者として助力を与えてくれる三浦佳子にも、改めて感謝の念を示したいと思う。

石黒　盛久

二〇一三年八月一七日

秋風吹き始めた金沢・角間の山中にて

伏させた。翌15日アルゼンチン政府が「戦闘終結宣言」を発したことにより、戦争は終結した。1990年両国の外交関係は正常化したものの、諸島の帰属をめぐる対立は依然継続している。

*19　朝鮮戦争は朝鮮半島の正当支配権をめぐり、北朝鮮（朝鮮民主主義人民共和国）と韓国（大韓民国）を主要当事者として展開された戦争。1950年6月の北朝鮮による韓国への侵攻を契機とし、当初戦局は前者の圧倒的優勢のもとに推移したが、韓国を支援する国連軍（アメリカ軍主体）の仁川上陸作戦（9月）を機に逆転した。だがこの情勢をみた中国（中華人民共和国）が北朝鮮への支援義勇軍を派遣（10月）し介入に踏み切った結果、北朝鮮軍・中国義勇軍と韓国軍・国連軍間の戦線は北緯38度線付近で膠着状態に陥った。51年7月以降戦闘継続の傍ら休戦交渉が進められ、1953年7月板門店において休戦協定が締結されたことにより、朝鮮戦争は終結したとされる。核兵器開発以後に生じた最初の大規模戦争であり、現代的戦争形態の濫觴と考えられている。

*20　ヴェトナム戦争はヴェトナム統一をめぐり、南ヴェトナム（ヴェトナム共和国）及びそれを支援するアメリカと、北ヴェトナム（ヴェトナム民主共和国）及び南ヴェトナム解放民族戦線の間に交わされた戦争。当初南ヴェトナム政府を支援しつつ、ヴェトナム各地に展開したアメリカ軍が北爆などを通じ戦局の主導権を握ったが、南ヴェトナム民衆の抵抗に加え、大統領ゴ・ジン・ジェム暗殺によるクーデター事件等南ヴェトナム政府内の混乱も相俟ち、北ヴェトナム勢力が次第に勢力を拡大した。戦争の大きな転換点は1968年の北ヴェトナムによる南部に対する総攻撃（テト攻勢）であった。これにより多大な損害を受けたアメリカは、国内のヴェトナム反戦運動の昂揚を受け、次第に軍事力の撤退を模索するようになる。アメリカ軍の撤退は1973年の和平協定により実現したが、戦闘はその後も北ヴェトナム軍と南ヴェトナム政府軍の間で続けられ、1975年4月北ヴェトナム軍が南ヴェトナムの首都サイゴン（現、ホーチミン）を占領し、同国政府が崩壊することによりヴェトナム戦争は終結した。この戦争の結果、覇権国家としてのアメリカの地位は大きく揺らぎ、東西冷戦の緊張緩和への道が開かれることとなった。

*21　フォークランド戦争は大西洋上のフォークランド諸島の領有権をめぐり、イギリスとアルゼンチンの間に1982年に生じた戦争。82年4月2日にアルゼンチンが同諸島に進駐した。これに対しイギリスは諸島奪還のため、空母ハーミーズ、インビンシブルを主力とする機動部隊を派遣、2ヶ月にわたる激しい戦闘の末、6月14日アルゼンチンの侵攻部隊を降

を離脱したことにより（1762)、プロイセンは絶体絶命の危機から救われる。その後プロイセン、オーストリア両国とも戦力の消耗が激しく講和の機運が高まり、パリ条約（1763）におけるプロイセンのシュレジェン領有の再確認により戦争は終結した。この結果プロイセンは欧州列強の一角としての地位を確保するとともに、並行して世界規模に展開した植民地獲得戦争におけるイギリスのフランスに対する勝利により、イギリスの世界覇権が不動のものとなる。

*16　コルベットとは原義としては17世紀後半から19世紀にかけ、主力艦の補助任務にあたった小型艦艇である。フランスにおいてこの名称が使用されるようになったが、イギリスにおいてはスループ艦と称されることもあった。当初は全長12～18メートル、重量40～70トン程度であったが次第に大型化し、19世紀には全長30メートル以上、重さ400～600トンのものも出現した。その後、海防艦にその任を取って代わられるが、第2次世界大戦時のイギリスにおいて、掃海艇に再度コルベットの名称が用いられるようになり現在に至っている。現代のコルベットの重さは、おおむね1000トン程度である。

*17　ブリガンティンとは2本マストに横帆を備えたブリグ型帆船と、同じく2本以上のマストに縦帆を備えたスクーナ型帆船の艤装を組み合わせ、一隻に横帆と縦帆を共に備えている帆船の艦式。2種類の帆を混在させている（全部マストに横帆、後部マストに縦帆）ところから、ハルマフォロダイド・ブリグ（合の子ブリグ）とも称される。

*18　ナポレオンのスペイン支配に反抗した「スペイン独立戦争（半島戦争)」（1808-14）のことを指す。1802年スペインに侵攻したナポレオンは、ブルボン家のフェルディナンド7世を廃位し、代わって自身の兄ジョセフをスペイン王（ホセ1世）に任じた。これに対しスペイン民衆の多くが民兵として決起し、ポルトガルから反攻するウェリントン将軍麾下のイギリス軍と共に抵抗を繰り広げることとなる。優勢を誇りつつもスペイン民兵のゲリラ戦術（スペイン独立戦争は、この形態の非正規兵戦闘が多大な効果を上げた、史上初の事例とされる）に翻弄されたフランス軍は次第に消耗し、スペイン戦線におけるこの消耗がロシア遠征の失敗と並んで、ナポレオンの軍事力の崩壊の原因となったと言われている。

戦闘。天然の要害に恵まれ堅固な要塞により防御されたこの都市の攻略は困難をきわめ、攻撃側だけで5千の死傷者を算した。スペイン独立戦争中にイギリス軍が経験した、最も酸鼻な戦闘といわれる。また都市陥落後、興奮したイギリス軍によって生じた多数の住民の殺害と掠奪は、イギリス軍の威信を著しく損うものであった。

＊13　アブキール海戦とは、イギリスではナイルの海戦としても知られる、1798年8月1日に生じた、ネルソン率いるイギリス艦隊とポール・ブリュイ率いるフランス艦隊の海戦。戦いはイギリス側の大勝に終わり、イギリスは地中海の制海権を確保したのみならず、ナポレオン戦争期全般にわたる海上的優勢を確立した。またこの戦勝を契機に、不敗の名将としてのネルソン神話が、次第に形成されていくことになる。

＊14　トラファルガー海戦は1805年10月21日、ネルソン提督率いるイギリス艦隊とヴィルヌーヴ提督率いるフランス＝スペイン連合艦隊が対決した海戦。練度の高いイギリス艦隊の前に、数に勝るフランス＝スペイン連合艦隊は壊滅的敗北を喫し、ナポレオンのイギリス侵攻作戦は幻に終わるが、ネルソン自身もまた陣没した。イギリスではこの勝利を祝い、ロンドンにトラファルガー広場が造営されている。

＊15　7年戦争（1756-1763）は限定された意味においては、プロイセンのシュレジェン領有をめぐって、プロイセンおよびその連合国（イギリス等）とオーストリアおよびその同盟国（フランス・ロシア等）との間に、ヨーロッパ大陸で争われた戦争であるが、その延長としてイギリスとフランスの間で植民地争奪をめぐり、世界規模で繰り広げられた戦争をも指す。先のオーストリア継承戦争で一敗地にまみれ、プロイセンのフリードリヒ2世にシュレジェン割譲を余儀なくされたオーストリア女帝マリア・テレジアはその復仇を意図し、長年の対立関係を打破し、フランスとの同盟に踏み切った（外交革命）。さらにこの同盟にロシアが加盟することにより、欧州の緊張関係は次第に高まっていく。戦争の不可避を察知したフリードリヒ2世は、先制してオーストリアに宣戦し7年戦争が始まった。圧倒的な戦力を誇るオーストリア以下の同盟国軍を前に、ホッホキルヒ（1758）、クネルスドルフの戦い（1759）と連敗し壊滅的打撃を受けるも、ロシアでエリザヴェータ女帝が崩御し、代わって親プロイセン的な政策をとるピョートル3世が即位し、ロシアが同盟

*8　ワグラムの会戦は1809年7月5-6日に、ナポレオン麾下フランス帝国軍17万とカール大公麾下のオーストリア軍15万5千の間に生じた戦闘である。戦いはナポレオンの大勝利に終わり、オーストリアは全人口の6分の1が居住する広大な領域の割譲を余儀なくされた。これによりナポレオンの絶頂期が現出されたとされる。

*9　ライプツィッヒの戦いは1813年10月16-19日、ナポレオン麾下のフランス軍19万5千と、対仏大同盟（第6次）軍37万の間に繰り広げられた一連の戦闘。連合軍の圧倒的戦力を前にナポレオンは、敗北を余儀なくされる。先年のロシア遠征の失敗に続くこの敗北を契機に、ナポレオンの覇権は急速に崩壊へと向かうこととなった。

*10　ロシア遠征は1812年に実行された、ナポレオン軍によるロシア侵略作戦のこと。ロシアでは1812年祖国戦争とも称される。ロシアによる大陸封鎖令違反を理由とする。当初ナポレオンは50万を超す空前の大軍を結集し、ボロジノの戦いなどでロシア軍を撃破しつつ首都モスクワを陥落させた。だが冬期の厳寒とロシアのとった焦土戦術のためフランス軍は次第に消耗し、遂には撤退を余儀なくされる。ナポレオンが遠征から逃げ帰った時、50万の大軍はわずか5千に激減していたという。ナポレオン戦争時代はこの後も1815年のワーテルローの戦いまで継続されるが、精鋭の大半を失ったフランスにはもはや大勢を逆転させる余力はなくなっていた。そのため古来よりこの遠征は、ナポレオン戦争の全体の帰趨を定める転換点と解釈されている。

*11　1792年マインツは革命フランス軍により占領され、選帝侯フリードリヒ・カール・ヨゼフ・フォン・エレサールは逃亡した。この後、フランス軍の支持のもと成立したマインツ共和国は、ドイツにおけるはじめての近代民主主義的共和国とされる。これに対しプロイセンを主体とする対仏大同盟軍は、1793年4月14日にこの都市の包囲を開始し、7月23日これを開城せしめた。なお原著では1794年と記述されているが、これは1793年の誤りであるので、史実に従いこれを訂正した。

*12　バダホス包囲戦はスペイン独立戦争中の1812年3月16日から4月7日にかけ、この都市を攻略しポルトガルからスペインへの侵攻路を確保せんとするウェリントン公麾下2万7千のイギリス軍と、この都市を守備するアルマンド・フィリッポ麾下のフランス軍約5千の間に交わされた

実用化された線条銃《ライフル》の始まりとされる。

*3　デイヴィット・ダンダスは18世紀後半から19世紀初頭のイギリスの軍人。その著作『軍事原理』により当時のイギリス軍の歩兵操典に大きな影響を与える。1809年から1811年の間に陸軍参謀総長に任じられる。

*4　狙撃兵（bersaglieri）は1836年、ラ・マルモラ将軍によって創設されたイタリア軽歩兵。その黒い羽根飾りのついた鍔広帽と独特の高速行進で知られる。その主要任務は偵察や先遣任務にあり、1870年のローマ占領や、第1次世界大戦時のパレスチナ戦線で活躍した。

*5　ワーテルローの戦いは1815年6月18日に、復位したフランス皇帝ナポレオン麾下約7万余の軍と、イギリスのウェリントン及びプロイセンのブリュッヘルの両将軍の麾下10万以上の間に交わされた戦闘。フランス軍は善戦するもグルーシー元帥麾下の増援軍と合流できず、他方連合軍が増援プロイセン軍との合流に成功した結果、前者の大敗に終わった。この敗北によりナポレオンの失脚が決定的となる。

*6　『戦争論』は、19世紀前半のプロイセンの軍人・軍事学者クラウゼヴィッツの著作。その没後、妻のマリーにより編集、刊行された。当時のドイツ観念論の思想的影響を受けた、普遍性のきわめて高い著作であり、近代軍事学の源泉として、各国の士官教育や戦略思想に大きな影響を及ぼす。「戦争は他の手段による政治の継続である」という定義は、戦争の本質を端的に示す言葉として今日でもよく知られている。祖国ドイツでは絶対戦争観に基づく、殲滅戦略の主唱者と評価されてきたが、これが彼の二重の戦争観を正しく把握したものであるか研究者間にも議論がある。

*7　アウステルリッツの戦いは1805年12月2日、ナポレオン麾下のフランス軍7万余と、神聖ローマ皇帝フランツ1世・ロシア皇帝アレクサンデル1世の連合軍8万5千の間に行われた会戦。ナポレオン、フランツ1世、アレクサンデル1世と、3人の皇帝が参戦したことにより「三帝会戦」とも称される。戦いはナポレオンの大勝に終わり、フランツ1世はナポレオンに屈服、神聖ローマ帝国は解体に追い込まれる。時にハンニバルのカンネーの戦いとも並び称される歴史的大勝利とされ、以後のナポレオンの欧州における覇権を確定づけた。

イツが潜水艦による通商破壊作戦を展開するに及び、輸送船護衛艦の必要が叫ばれるようになり、コルベット艦、さらにはフリゲート艦という名称が復活した。今日では艦艇の大きさの順に、駆逐艦、フリゲート艦、コルベット艦という区別が与えられている。

*32　1757年6月23日ロバート・クライヴ率いるイギリス東インド会社軍3千が、ベンガル太守シラージュ・ウッダウラとフランス東インド会社の連合軍6万を撃破したプラッシーの戦いを指す。この敗戦によりフランスはインド経営から撤退し、イギリスのインド支配が開始される。ヨーロッパ大陸で展開された7年戦争の一環とも位置づけられる。

*33　1759年9月13日、ウルフ将軍麾下のイギリス軍と　モンカルム将軍麾下のフランス軍の間に交わされたエイブラハム平原の戦いのこと。この戦いの結果、最大の要衝であったケベック要塞が陥落し、当時ヌーヴェル・フランスと称されていたカナダのイギリスによる支配が決定づけられた。

*34　アメリカ独立戦争のこと。これに先立ち北米大陸で英仏間に繰り広げられた戦費に充当すべく、イギリス本国政府により新大陸植民地に対する課税が強化されたことによる不満の爆発が原因。レキシントン・コンコードの戦いに始まり8年間にわたり継続されたこの戦争の間、英米両国はそれぞれに勝敗があったが、フランス・スペインの加勢によりアメリカ軍は長期戦を戦い抜き、ヨークタウンの戦いによってイギリスのコンウォーリス将軍麾下の軍勢を降伏させ（1781）、その後パリ講和条約により独立をかちとった。

第四章　フランス革命期とナポレオン時代の戦争

*1　ウィリアム・ピットは18世紀末のイギリスの首相。同名の父も首相となったため、父を大ピット、彼を小ピットと称する。史上最年少でケンブリッジ大学に入学し、また最年少で首相に任命された。フランス革命を敵視し、3次に及ぶ対仏大同盟を結成した。

*2　線条銃《ライフル》とは従来の滑腔式のマスケット銃に対し、銃身内に線条《ライフリング》を施し、弾丸の直進性を高めた小銃のこと。これにより小銃の飛距離と命中精度が飛躍的に高まった。1849年に開発されたミニエー銃が、広く

リノの救援に駆けつけたプリンツ・オイゲン麾下の救援軍に9月7日に大敗し、トリノの攻囲は解除された。

＊26　17世紀フランスの軍人、テュレンヌ伯アンリ・ド・ラ・トゥール・ドーヴェルニュのこと。リシュリュー枢機卿及びルイ14世幕下の名将として、30年戦争からフロンドの乱さらにはネーデルラント継承戦争に及ぶフランスが経験したあらゆる戦争で活躍。17世紀ヨーロッパ軍事改革の父、ナッサウ伯マウリッツは彼の叔父でありその薫陶を受けた。1675年のザスバッハの戦いの最中に敵砲弾の直撃を受け不慮の死を遂げた。

＊27　チャールズ・コンウォーリスは18世紀イギリスの軍人・政治家・植民地行政官。アメリカ独立戦争時、イギリス軍を指揮した将軍。ヨークタウンの戦い（1781）で敗北し、ワシントン麾下のアメリカ・フランス連合軍に降伏したが、これが独立戦争の山場となった。この失態の後も栄達し、インド総督、アイルランド総督等の要職を歴任し、侯爵に昇叙される。

＊28　ダウン海戦は1639年10月21日、トロンプ提督麾下のオランダ艦隊とオケンド提督麾下のスペイン艦隊との間で、イギリス沿岸のダウンにおいて交わされた戦闘。この海戦における敗北によりスペインは、その大西洋沿岸における制海権をオランダに奪われたとされる。本書にある通り、この海戦においてトロンプが史上初めて直線隊列を用いたという説も強いが、こうした海上戦法はすでに1502年のマラバール海戦においてヴァスコ・ダ・ガマにより用いられていたとも言われている。

＊29　マルテン・トロンプは17世紀のオランダの海軍提督。オランダ海軍を率いて、対スペイン戦争、英蘭戦争において活躍した。

＊30　ジャン・バールは17世紀フランスの私掠船長・海軍提督。ファルツ継承戦争中における、オランダ商船の通商破壊に活躍し、ルイ14世により貴族に列せられた。

＊31　フリゲート艦は軍艦の艦種のひとつ。元来18世紀においてフリゲート艦とは、艦隊の主戦力たる戦列艦を、その高速により補助する小型艦艇を指していた。その主な任務は哨戒や、通商破壊であった。その後19世紀に入ると、戦艦、巡洋艦等の近代的艦種が登場し、フリゲート艦という名称はいったん消滅した。だが第2次世界大戦が始まり、ド

騎兵のことである。通常はクロアートと称されており、バンドゥールは同じくハプスブルク家に仕える、クロアチア軽歩兵を指すことが多いが、ここでは軽騎兵を指す名称として使われている。当時最も高速の騎兵のひとつとして知られ、30年戦争時に大活躍した。

＊19　〈軽騎兵《ユサール》〉とは元来ハンガリー騎兵のこと。オスマン帝国軍との死闘の中で、その勇猛さを全欧に知られるようになる。

＊20　リブラとは古代ローマに由来する重量単位。時代と国により若干その重量を異にするが、古代ローマ時代の1リブラは327.168グラムである。

＊21　『百科全書』とは、1755年から1772年にかけディドロ、ダランベールらによりフランスで編纂された百科事典。執筆者としては彼らの他、ヴォルテール、モンテスキュー、ルソーらも参画し、啓蒙思想の普及・定着に大きな役割を果たす。

＊22　ジャン・バティスト・グリボーヴァルは18世紀フランスの砲兵士官・軍事技師（砲兵総監）。旧来の大砲に比べ、軽量・均質な大砲の製造に成功し、これを基準にフランスの砲兵システムの規格化を推進した。当時の砲のかかる規格化はグリヴォーヴァル・システムと称され、全欧を風靡した。

＊23　セバスティアン・ヴォーバンは17世紀フランスの軍人・軍事技術者・建築家・都市計画家。ルイ14世に仕え功績をあげる。17世紀における要塞攻城法と要塞構築法を確立した。主著『要塞攻囲論』（1703）。150ヶ所以上の要塞の建築・修復を指揮し、彼がフランス国境に築きあげた要塞ネットワークは、今日一括して世界遺産にも登録されている。

＊24　1683年に生じた第2回ウィーン包囲のこと。オスマン・トルコ帝国は、30年戦争によるオーストリアの疲弊を好機とし、カラ・ムスタファ・パシャ麾下の大軍15万によりウィーンを再度包囲したが、ポーランド王ヤン3世ソビエスキ率いるキリスト教徒救援軍に大敗し、これを攻略することに失敗した。この敗北により、オスマン帝国のバルカン半島における退勢が決定づけられる。

＊25　スペイン継承戦争中の1706年、反仏大同盟側に荷担するサヴォイア公ヴィットリオ・アメデオ2世の屈服を目指したフランス軍は5月14日以降、公国の首都トリノを包囲したがこれを攻略し得ず、かえってト

れ、これが近代歩兵の基本戦術となる。

*15　長槍を備えるスイス傭兵の密集陣形や、スペインのテルシオによりいったん戦場の脇役となった騎兵に、新たな息吹を吹き込んだのはスウェーデン王グスタフ・アドルフである。彼は騎兵突撃の衝撃力を再評価し、勝敗を決する決戦兵種として活用することにより多大な戦果をあげた。こうした騎兵の能力の再評価を踏まえ18世紀には、騎兵に関し3種の兵種が区別されるようになる。すなわち中世の重装騎士の末裔として突撃任務を受けもち、ピストルとサーベルを武器とする胸甲騎兵（重騎兵)、軽装でサーベル・長槍・猟銃などを武器とし、偵察・攪乱・急襲・追撃などの側面的任務に応じる軽騎兵、元来騎乗歩兵に由来するものの、当時は胸甲騎兵の代替的兵種となっていた竜騎兵である。中でも胸甲騎兵は騎兵の中心となる花形兵種であったが、火器の発達と共に騎兵突撃が衰退する過程において実戦的意味をほとんど失い、今日では専ら儀仗兵としてのみその姿をとどめる。

*16　コサックは15世紀、ヨーロッパ各地の流浪民がウクライナ・南ロシアに寄り集い形成した軍事共同体をその起源とする。中でもロシア帝国に組み込まれ、その軍事力を支えたドン・コサック軍が歴史上著名である（その他にドン・コサック軍をモデルにロシア帝国が創設した、10以上のコサック軍がある)。彼らはその自治や免税その他の特権を付与される一方で遊牧者としての伝統を生かし、騎兵として帝国に軍役奉仕している。また警察業務をも担当し、帝政に最も忠実な軍事勢力のひとつともなった。こうした経緯によりコサック諸軍は、ロシア革命に抵抗する白軍の中心となり、その結果ソヴィエト政権により徹底的に弾圧・解体される運命を辿る。

*17　〈槍騎兵《ウラーン》〉は18世紀ポーランドに出現した、長槍及び小銃を主要兵器とする軽騎兵。元来ポーランドには強力な有翼重騎兵《フサリア》と称される重騎兵隊が存在したが、その主体となる中小貴族《シュラフタ》の経済的衰退により弱体化しており、それに代わりポーランド王スタニスワフ2世により編成されたのが〈槍騎兵《ウラーン》〉である。第3回ポーランド分割により全ポーランドがロシア、オーストリア、プロイセンに分割された結果、これら各国にポーランドに倣った〈槍騎兵《ウラーン》〉連隊が編成された。

*18　〈軽騎兵《パンドゥール》〉とは、17世紀オーストリア・ハプスブルク家に仕えた軽

に代わり創設した常備軍的性格を有する軍隊。その中核はクロムウェルの鉄騎隊に所属するプロテスタント信仰を強くもつ歴戦の強者であった。この軍隊はネーズビーの戦いにおける議会側の決定的勝利に貢献し、次第に政治に対する発言権を持つようになり、1653年にはクロムウェルを擁してクーデターを敢行。彼のもとに軍事独裁政権を確立した。クロムウェル没後、王政復古により1660年解散。

*12　ルーヴォア侯フランソワ・ミシェル・ルテリエのこと。ルイ14世治下フランスの軍務卿。父も同職にあり、親子2代にわたってフランス軍の強大化に貢献した。彼のフランス軍に対する貢献は、兵器の統一と改良、兵営や兵器庫の設置、兵士の給与の定期的支払、徴兵制度の原型の整備、一般市民出身の将官の登用、廃兵院《アンヴァリッド》の設置など軍制全般多岐にわたっている。彼はまたヴェルサイユ宮殿造営の責任者でもあり、宮殿造営と軍事というルイ14世の2つの関心事を独占することにより、宰相コルベール死後のヴェルサイユ宮廷において最も勢力ある顕官となる。

*13　ウェリントン公爵アーサー・ウェルズリーのこと。ナポレオン戦争に際し主にスペイン戦線において戦功をあげ、連合軍を代表する名将としての評価を確立。さらにワーテルローの戦いの勝利により、ナポレオン戦争を連合軍側の最終的勝利に導く。この間の功績により元帥・公爵に叙されたのみならず、戦後は保守党の党首として政治面でも活躍、2度にわたり首相に任じられ位人臣をきわめた。

*14　線形［横隊］戦術とは主に18世紀ヨーロッパ諸国の陸軍により、マスケット銃主体の歩兵隊のために採用された戦術。16世紀ランツクネヒトや17世紀のテルシオの密集方陣は、長槍で騎兵突撃に対抗すべく、時に縦深20-30段にも達していた。これに対し18世紀に入るとマスケット銃の性能の向上により、弾幕により敵軍の突撃を阻むことが可能となる。その結果、最大限の兵力を一挙に前線に投入し強力な煙幕を構成し得る、縦深2-5段（一般に3段）の線形「横隊」戦術が登場した。近代的横隊戦術の完成者はプロイセンのフリードリヒ2世であり、彼はかかる戦術の自在な活用によりその偉功を成し遂げた。だが18世紀後半以降の銃器の命中率の向上により、密集方陣と同様に整然と隊伍を組む線形［横隊］陣形は次第にその弱点をさらすようになる。これに対処すべくアメリカ独立戦争期、さらにはフランス革命期に散兵戦術が採用さ

被り、両者の和平の気運が高まることとなる。

*6　クロード・ヴィラールは、17世紀ルイ14世に仕えたフランスの軍人・政治家。主にスペイン継承戦争においてマルバラ公の好敵手として活躍し、元帥に叙せられる。マルプラケの戦いにおいて対仏大同盟軍に大打撃を与え、フランスの危機的状況を救った。戦争終結後も陸軍大臣をつとめる一方、アカデミー・フランセーズ会員に選出されてもいる。1733年には長年の功績により、大元帥に昇進した。マルバラ公、オイゲン公（プリンツ・オイゲン）と並び、18世紀前半のヨーロッパを代表する名将。

*7　ツォンドルフの戦いは7年戦争中の1758年8月25日、フリードリヒ2世麾下のプロイセン軍3万6千と、フェルマー麾下のロシア軍4万の間に交わされた戦い。プロイセン軍は全軍の約30%、ロシア軍は全軍の約40%にあたる兵員を失い、18世紀における最も凄惨な戦闘のひとつとされる。

*8　宮廷戦争参議会は、ハプスブルク君主国（神聖ローマ帝国及びオーストリア・ハンガリー帝国）における軍事問題を所管する顧問官会議。1556年フェルディナンド1世により創設され、次第に常備軍を統括する恒常的組織となる。ナポレオン戦争期以降の参謀本部の台頭という全ヨーロッパ的潮流を踏まえ、1848年軍務省の一部局となる。

*9　ヴィットリオ・アメデーオ2世は17-18世紀イタリアの君主。当初サヴォイア公、後にサルディニア王となる。スペイン王フェリーペ5世の舅であるにもかかわらず、スペイン継承戦争に際しては対仏大同盟側に寝返り参戦。ユトレヒト条約の結果シチリア王となるも、4ヶ国同盟戦争の結果サルディニア王に転じる。内政的には啓蒙改革を推進し、サルディニア絶対王政を確立した。

*10　「ヘッセン人」とはアメリカ独立戦争中、イギリス軍に勤務したドイツ人傭兵の通称。この戦争中ドイツ諸侯は財貨の獲得のため、イギリス軍に多数の傭兵を提供したが、中でもヘッセン＝カッセル方伯フリードリヒ2世が、最も多数の傭兵を提供したため（およそ1万6千名に達したという）、独立戦争時のドイツ傭兵全体をアメリカ植民地民が「ヘッセン人」と称したことに由来する。

*11　〈新式軍隊〉はイギリス市民戦争中の1645年、議会側が従来の民兵

となり、王政に妥協的な長老派と対立。クーデターにより後者を追放後、1649年共和制を樹立した。1653年には護国卿に就任、軍隊を背景とする独裁政治を行った。晩年その強権に対する国内の不満が高まり、その死後1660年チャールズ2世即位により王政復古が実現した。

*2　スペイン継承戦争（1701-14）はカルロス2世の死後、その王位継承をめぐりヨーロッパ諸列強が繰り広げた戦争。カルロス2世の死後、その遺言によりフランス王ルイ14世の孫フイリップ（フェリーペ5世）が擁立されたが、フランスの強大化を恐れるイギリス・オランダ・オーストリアはこれに一致して反対し、対仏大同盟を結成する。大陸においては名将マルバラ公ジョン・チャーチルの活躍により、同盟軍は強大なフランス軍をたびたび撃破し、戦線は膠着状態に陥った。この結果1713年のユトレヒト条約により、フェリーペ5世のフランス王位継承権放棄を条件に、そのスペイン王位継承が承認され戦争は終結した。

*3　マルバラ公ジョン・チャーチルは、17世紀イギリスの軍人。アン女王の側近として信任を受け、スペイン継承戦争に際し同盟軍司令官に抜擢される。兵站に配慮した機動戦術の駆使によりフランス軍をしばしば撃破した。なかんずくブレンハイムの戦い（1704）における勝利は、スペイン継承戦争における同盟国側の優勢を確定した戦いとされる。だがこの後両陣営間に和平を望む形勢が生じるや、主戦論に立つマルバラ公は次第に忌避されるようになり、1711年に失脚した。その後1714年復権し、自身の邸宅であるブレナム宮殿（世界遺産）の造営に尽力。イギリス首相ウィンストン・チャーチルは彼の末裔であり、ダイアナ元王太子妃もまた彼の血を引く。

*4　公子エウジェニオとは一般にプリンツ・オイゲンとして名高い、18世紀オーストリアで活躍した軍人。元来フランスの生まれであるが、ハプスブルク朝に仕官し対トルコ戦で頭角を現す。続いてスペイン継承戦争においてもマルバラ公と並ぶ同盟軍の名将として活躍し、フランス軍をしばしば撃破した。その晩年には自身の邸宅ベルデヴェーレ宮の造営に力を尽くし、今日ウィーン屈指の観光名所となっている。

*5　マルプラケの戦いはスペイン継承戦争中の1709年9月11日、マルバラ公麾下の対仏大同盟軍8万余とヴィラール元帥麾下のフランス軍7万5千が激突した戦い。同盟軍は辛勝したもののフランス軍に倍する損失を

れていった。

*41　ガレアス船は、ガレー船とガレオン船のごとき帆船の過渡的性格を有する艦船。大型で3本のマストをもつ一方、多数の櫂をも備えていた。また大砲の発達に対応するため、漕ぎ手座の上にさらに砲列甲板も設置されている。ガレアス船はガレー船の発達の究極形態であるが、建造費がきわめて高価なため、ガレオン船の発達と共に消滅した。

*42　レパントの海戦はギリシアのレパント沖で、キリスト教諸国連合艦隊300隻と、オスマン・トルコ海軍320隻が戦った海戦。キリスト教側がオスマン軍に対して、最初の大勝利をおさめた戦いであり、またガレー船同士による最後の大海戦としても知られている。

*43　カラック船は16世紀に開発され、大航海時代に活躍した帆船。三角帆を含む4つの帆を組み合わせることにより、高い操船性を実現した。コロンブスの旗艦サンタ・マリア号が、こうしたタイプの艦船の代表例である。

*44　カラベル船は16世紀に開発された、小回りのきく小型帆船。初期の三角帆を有するカラベル・ラティーナと、後期のカラック船に倣った四角帆を有するカラベル・トレンダがある。カラベル船は経済性、操舵性、速度、汎用性といった全ての面で高い性能を示し、大航海時代の冒険事業に活用された。

*45　ガレオン船はカラック船の発典型で、16-18世紀に活躍した帆船。カラック船よりスマートな艦型をもっていたが、いっそう大型化され武装と積載量を強化している。全長50メートルを超える大型ガレオン船は、総トン数で2千トンを超え、艦載砲も40門以上に達していた。

*46　マラバール沖の海戦（カリカットの海戦）は1502年ヴァシュコ・ダ・ガマ麾下の7隻からなるポルトガル艦隊が、インド・カリカット王国の60隻以上の艦隊を撃破した海戦。

第三章　アンシャン・レジーム期の戦争

*1　オリバー・クロムウェルはイギリス清教徒革命期（1642-48）の政治家・軍人。清教徒を選抜し鉄騎隊を編成。議会軍の指揮官として国王軍の撃破に活躍し、次第に軍の実権を握る。内乱終結後は独立派の首領

ち出す、カノン砲に取って代わられる。

＊35　廃兵院《アンヴァリッド》（l'Hôtel des Inavalides）は1671年、フランス王ルイ14世が傷病兵看護のために建設した病院施設。附属の礼拝堂にナポレオンをはじめ、フランスの将帥の霊廟がある。

＊36　マルデブルクの悲劇は、1630年から始まる包囲戦の後、翌31年5月に陥落したルター派新教都市マルデブルクを、ティリー元帥麾下の神聖ローマ帝国軍が3日間にわたり（占領都市の3日間の略奪勝手は、当時の傭兵隊における慣習）略奪した事件。この都市の3万の人口が5千に激減し、1648年の調査ではさらに450人になったという。

＊37　サン・クィンティーノの戦いは1557年8月10日、フランス北部サン・クィンティーノ要塞付近でエマヌエレ・フィリベルト麾下のスペイン軍1万が、モンモランシー元帥麾下のフランス軍2万5千に大勝した戦い。モンモランシー自身も捕虜となり、この大勝を機にイタリアにおけるスペインの覇権が確立し、イタリア戦争終結を決定づける戦いとなった。またこの勝利の恩賞としてエマヌエレ・フィリベルトは、これまでフランスに占領されていた旧領国サボイ公国を回復した。

＊38　ネルトリンゲンの戦いは30年戦争中の1634年9月6日、神聖ローマ帝国軍3万3千とスウェーデンを中核とする新教諸侯同盟軍2万5千が激突し、帝国軍が大勝利をおさめた戦い。帝国は新教側のザクセン公に対し、前者に有利な「プラハ条約」を締結させたが、かえって戦争へのフランスの直接介入を招くことにつながった。

＊39　マーストン・ムーアの戦いは、イギリス・ピューリタン革命中の1644年7月2日、国王軍1万7千と議会軍2万2千が交わした戦い。クロムウェル率いる鉄騎隊の活躍により国王軍は大敗した。

＊40　ガレー船は古代から19世紀に至るまで、地中海地域を中心に広汎に用いられた、櫂と帆を併用する艦船。漕ぎ手座が左右舷側にそれぞれ1段のものを原型とするが、ローマ時代以後左右舷側にそれぞれ3段の漕ぎ手座を有する、高性能の3段櫂船が造船されるようになった。帆による操船技術が発達する以前は、帆船に比べその運動性に優れ、特に軍艦として用いられることが多かった。船首に攻撃用に備えられた衝角を有し、これにより敵船を撃沈した。帆と大砲の発達と共に、そのための広い積載面積をもたないガレー船は、次第にガレオン船に取って代わら

近代統一イタリア王国の基盤となった。首都はトリノ。

*29　エマヌエレ・フィリベルト（1528-80；位1553-80）はルネサンス期のサヴォイア公。名目上のキプロス王、エルサレム王を兼ねた。スペインのネーデルラント総督としても活躍。

*30　〈郷土民兵隊〉は、1566年サヴォイア公エマヌエレ・フィリベルトにより創設された民兵軍。1747年まで存続。領内各教区ごとに特権授与を代償に、18歳から50歳までの男子より25人を登録する。この結果ピエモンテ地区より1万5千人、サヴォイア地区より8千人の兵力を得た。

*31　〈選抜兵〉は、1593年3月23日に編成されたヴェネツィア共和国の民兵組織。農民より徴集され、定期的軍事教練に参加した。元来こうした組織はトルコの侵入に備え、フリウリ地方において組織されていたが、この時以降ヴェネツィア内陸領全土に施行された。その兵力は3万に達したという。

*32　アレッサンドロ・ファルネーゼ（1545-92）は第3代パルマ・ピチェンツァ公。母がカール5世の庶女マルガレーテであったため、ハプスブルク家の近親としてスペイン領ネーデルラントの総督に任じられ、プロテスタント教徒の反乱に対処した。

*33　カノン砲の製作についていえば、14世紀にすでに鍛鉄による砲と鋳造青銅による砲が存在していたが、一般には経済的理由から鉄板を鉄のたがで鍛接するものが多用されていた。ただし15世紀に入り、人造硝石の普及により火薬が廉価となり、また粒火薬の発明によって火薬の扱いが容易になると、火薬の装填量を増大させ、より強力な砲撃を可能とする方途が求められるようになる（典型的現象として石の砲丸から鋳鉄の砲丸への移行があげられよう）。それに対応するには鍛鉄による大砲はあまりに脆弱すぎ、暴発の危険が高かった。そこで着目されたのが鍛造物よりも、火薬の産み出す圧力に耐えうる、一体として鋳造される青銅砲に他ならない。鉄の鋳造技術が進み、鋳鉄砲が青銅砲に取って代わるのはずっと後、19世紀に入ってからのことである。

*34　射石砲はその名の通り、弾丸として石を打ち出す初期の大砲。15世紀には粒火薬の普及により、爆発速度を調整できるようになったため、「ブルムハルト・フォン・シュタイル」、「モンス・メグ」といった記録的巨大さを有する射石砲が造られたが、16世紀に入ると鉄の弾丸を撃

に旋回し順次敵前面に進出、射撃の後に回転に従って後退する。オランダ起源の歩兵の線形戦術に対抗できず、またグスタフ・アドルフによる騎兵の白兵突撃の再評価も相俟ち、次第に消滅に向かう。

*23　帯剣貴族はフランスのアンシャン・レジーム期の貴族の階層区分。中世の封建領主層に起源を有する伝統的な貴族家系で、ヴェルサイユ宮廷に出仕する宮廷貴族と地方に在住する地方貴族があった。帯剣貴族に対比される存在として、中世末期市民層が高等法院官職の購入により世襲貴族たることを認められた、法服貴族がある。

*24　ランツクネヒトは1487年神聖ローマ皇帝マクシミリアン1世により、仇敵たるスイス傭兵の軍制を模し、南ドイツの農民を徴募して創設。専ら長槍の方形陣のみに頼ったスイス傭兵とは異なり、スペイン歩兵の影響の下、初期には石弩、中期以降は火縄銃の支援を受け、より効果的な作戦活動を展開した。ローマ劫掠（1527）の主役となり、全ヨーロッパから畏怖される。

*25　リュッツェンの戦いは1632年11月16日、グスタフ2世アドルフ麾下のプロテスタント連合軍1万9千と、ヴァレンシュタイン麾下の神聖ローマ帝国軍1万7千が激突した戦い。スウェーデン軍は戦術的勝利をおさめるも、主将グスタフ・アドルフの戦死により、以後戦局全体の主導権を次第に失う。

*26　ゲオルグ・フォン・フルンズベルグ（1473-1528）はルネサンス期ドイツに活躍した傭兵隊長。ランツクネヒト軍の創設に尽力し、「ランツクネヒトの父」と称せられる。パヴィアの戦いでフランス王フランソワ1世を捕獲し、名声を高めた。ランツクネヒトによるローマ劫掠（1527）を阻止できず、卒中に倒れ死去。

*27　ヴァレンシュタイン（1583-1634）は30年戦争中活躍したドイツの傭兵隊長。帝国大元帥・フリードラント公。掠奪赦免税を創設し独自の強大な軍隊を作り上げ、30年戦争中ティリーと共に神聖ローマ帝国軍の中核を担ったが、皇帝フェルディナント2世にその忠誠を疑われ暗殺された。最後の自立的傭兵隊長といわれる。

*28　ピエモンテはイタリア北西部の州。ルネサンス期にはサヴォイア公家の支配の下、サヴォイア公国を形成した。サヴォイア家当主は後にサルディニア王位を獲得し、サヴォイア公国はサルディニア王国に昇格、

*17　テルシオは1534年から1704年の間、スペインを中心にヨーロッパ各国で採用された軍制。15世紀末ゴンサーロ・デ・コルドバが開発したコロネリアという軍制が原型となったといわれている。テルシオの1単位は約3千名で、これを大佐《コロネロ》が指揮し、長槍兵とこれを援護する火縄銃兵ないしはマスケット銃兵よりなる。両者の比率は16世紀においてはおよそ7対1であった。長槍兵と銃兵は相互の弱点を補強し合うことにより、野戦における動く要塞として圧倒的効果を発揮した。パヴィアの戦いでフランス重装騎兵とスイス傭兵を撃破したことにより一躍名声を高め、その後フランドル駐留軍の主力として活躍したが、斉射戦術に基づく線形陣形を採用するオランダ式大隊が出現、ロクロワの戦い（1643）におけるフランス軍に対する敗北を機に衰退し、1704年解散された。

*18　グスタフ2世アドルフ（1594-1632／位1611-1632）は30年戦争に際し、プロテスタント側に立って活躍したスウェーデン国王。ナッサウ公マウリッツの軍事改革の理念を発展させ、大隊軍制に基づき銃兵（反転行進射撃）・騎兵（騎兵突撃）・砲兵（野戦砲）を緊密に連携せしめることにより、ヴァレンシュタイン麾下の帝国軍を苦しめ、スウェーデンを北方の大国とするも、1632年のリュッツェンの戦いで戦死した。

*19　ヒネーテス兵は、中世からルネサンス期にかけスペインで活躍した軽騎兵の名称。北アフリカのイスラム遊牧民（ベルベル人）の騎馬戦術が、レコンキスタ運動を通じてキリスト教圏にも導入されることにより出現した。

*20　ストラディオッティはヴェネツィアが主に軽騎兵として雇用した、バルカン半島出身の傭兵の名称。アルバニア人が中心であるが、ギリシア人、ダルマチア人、セルビア人などもふくむ。ヴェネツィアは当初フリウリ地方における対トルコ戦の要員として彼らを徴募したが、後にイタリア本土でも活躍。さらにはスペインやフランス、イギリス等に勤務した者もあった。

*21　〈騎乗兵〉（Reïter）はドイツの重装傭兵騎兵のこと。回転式小銃を主要な武器とし、フランス宗教戦争期に活躍。

*22　旋回戦法《カラコル》は16世紀後半から17世紀前半にかけ、小銃ないしは火縄銃を装備する胸甲騎兵により盛んに用いられた戦法。騎馬部隊が渦巻状

*13　マスケット銃は初期銃器の発展段階上の一形態（これらの銃器の諸形態は主に点火機構の差異により区別される）。15世紀以前に用いられたスコピエット銃が点火口に直接火種を触れさせるタッチ・ホール式であったのに対し、15世紀にはいると火縄を用いて火薬に点火する（マッチ・ロック式）火縄銃に取って代わられるようになる。こうした火縄式の欠点は、火種・火縄の必要に由来する携帯性の悪さや雨天時の不能などがあり、これらを克服する銃器として17世紀に登場したのがマスケット銃であった。マスケット銃の最大の特色はフリント・ロック式点火機構の採用により、上記の火縄銃の欠点が大幅に克服されたことにあった。そこに取り付けられる銃剣の働きにより長槍の代用を努めることが可能となったことと相俟ち、マスケット銃はこれ以後近世の戦争の主役となる。

*14　ロクロワの戦いは30年戦争の一環として1643年5月19日、フランス国境ロクロワの地でフランシスコ・ダ・メルロ麾下のスペイン軍2万7千とコンデ公ルイ2世麾下のフランス軍2万3千が激突した戦い。パヴィアの戦い以降、欧州最強の軍制であったスペインのテルシオがこの戦いで粉砕された結果、それに代わって近代軍隊を特徴づける連隊／大隊制が一般化する。

*15　1567年編成されたフランドル駐留軍は、ネーデルラントの新教徒の反乱（80年戦争）に対処すべく低地諸国に配置されたスペインの軍団。西欧を縦断する「スペイン街道」によって定期的軍需補給を享受したこの軍団は、最盛時には10万以上の兵力を擁し、西欧史上最初の本格的常備軍と称せられる。アルバ公フェルナンド・トレド、パルマ公アレッサンドロ・ファルネーゼ、大元帥スピノーラらに指揮された。スペイン軍独特のテルシオに基づき、当時最強の歩兵軍団と目された。スペイン継承戦争中におけるフランドル方面でのスペイン支配の崩壊と共に、1706年解散。

*16　ナッサウ伯（オラニェ公）マウリッツ（1567-1625）は第2代オランダ総督。父ウィレム1世に続き、対スペイン独立戦争を指導した。古代ローマの軍事制度を参考に、軍事システムのマニュアル化を遂行し、規律に基づく精強な軍隊を建設することを目指し、ジーゲンに西欧史上初の士官学校を開校。西洋軍事史に多大な影響を与える。

趨を懸念する王政府（太后カトリーヌ・ド・メディシスによる摂政）により幾度か調停が試みられるも挫折、1572年8月18日のサン・バテルミー虐殺事件によりいっそう先鋭化した。その後王権派／プロテスタント派／カトリック派はそれぞれ国王アンリ3世、ナヴァラ王アンリ、ギーズ公アンリを首領に戦いを繰り広げるが、生き残ったナヴァラ王がカトリックに改宗し王位を継承、プロテスタント信仰を認めるナントの勅令を発布（1598）することにより、フランス宗教戦争はようやく鎮静化した。

*10　30年戦争（1618-48）はハプスブルク家による弾圧に対する、ボヘミアのプロテスタント教徒の反乱により勃発した戦争。戦争はドイツを中心に繰り広げられたが、スペイン、フランス、デンマーク、スウェーデンなど各国の介入を招き、国際戦争の様相を呈した。この戦争によりドイツはその全人口の3分の1を失ったという。1648年のウェストファリア条約締結により終結したが、この条約により帝国内諸領邦の主権国家化＝神聖ローマ帝国の解体が決定的となった。

*11　盾と長槍を装備し、兵士相互が互いに支援し合いながら方形の集塊をなし突進する密集陣形《ファランクス》は、古代バビロニアを起源としギリシアにも伝えられたが、これを改良し後世に大きな影響を与えたのは、マケドニアのフィリポス2世である。彼は長槍の長さを従来の4m程度から6mに延ばし、また縦深を従来の8段から16段に深化させることにより、ユニットの攻撃力を強化した。ローマ軍のレギオン軍制により打ち破られ衰退したが、15世紀に入りスイス傭兵の方形陣が出現し、これが古代の密集陣形《ファランクス》の復興と目されることにより再評価される。

*12　近世軍事革命は1950年代マイケル・ロバーツにより提唱され、70年代ジョフリ・パーカーにより展開された歴史学上の概念。近世初頭（16-17世紀）の軍事上の革新（兵力の巨大化・歩兵の優越・火器の発展・築城術の進歩等々）が、それを支えるための国家機構の発展を産み出し、ひいては近代国家の成立を促進したと解釈する。そもそもこうした革命が存在したのかという議論の他に、軍事革新のどのような側面を根本要因ととらえるか、あるいは革命が生じたのが、16世紀なのか17世紀なのか（時には15世紀における革新を重視する者もある）をはじめ論者の間でもさまざまな議論がある。

クネヒトがフランス側について参戦し、以後スイス傭兵に優る声望を獲得したことによっても知られる。

*7　パヴィアの戦いは1525年2月24日、ミラノ奪還を目指す国王フランソワ1世麾下のフランス軍2万4千が、神聖ローマ皇帝カール5世に仕えるスペイン・ドイツの傭兵軍2万3千に敗北した戦い。フランソワ1世は自身も敵軍の捕虜となり、イタリア半島におけるフランスと帝国の勢力バランスは後者に大きく傾き、以後回復されることはなかった。帝国軍を圧倒する火器戦力を有しながら、重装騎士の突撃を主体とする中世的戦術に拘泥したフランソワ1世の戦術の誤りが、フランス軍の敗因とされる。それゆえこのパヴィアの戦いは、戦術史上における中世から近世への移行を画す事件と評価されることもある。

*8　1559年にフランスとハプスブルク家（スペイン・神聖ローマ帝国）間に結ばれたカトーカンブレジの和約は、1494年以来継続したイタリア戦争の終結を定めた条約である。この条約の結果、フランスはイタリアにおける利権を最終的に放棄し、半島におけるスペインの覇権が確立した。

*9　宗教改革の展開により西欧各地、特にドイツ、フランスにおいて、カトリック－プロテスタント両勢力間の宗教戦争が激化した。ドイツの宗教戦争は広義にはドイツ農民戦争や17世紀の30年戦争も含まれるが、狭義では1546-55年のシュマルカルデン戦争を指す。皇帝カール5世はカトリック教義による帝国の統一を掲げ、1530年代より存在するルター派プロテスタント諸侯のシュマルカルデン同盟に圧迫を加えた。これに反発する後者は1546年武装蜂起するも、1547年4月24日のミュールベルクの戦いに大敗、皇帝に多大な譲歩を余儀なくされる。だがこのような皇帝の優位も長続きせず、両者の対立は1555年のアウグスブルグの和議によりいったんは解消された。

他方フランスの宗教戦争（ユグノー戦争）は1562-98年にわたり、フランス国内のカルヴァン派プロテスタント信者と、それに反発するギーズ公を中心とするカトリック同盟により繰り広げられた。フランソワ1世没後のヴァロア王家の弱体化とスペインのフェリペ2世並びにイギリスのエリザベス1世の介入が、事態をいっそう深刻化させてもいる。両派の武力衝突は1562年のヴァシー虐殺事件に始まり、その後事態の帰

*2　フォルノーヴォの戦いは1495年7月6日、イタリアから撤退しようとするフランス王シャルル8世の麾下1万2千と、これを捕捉しようとするヴェネツィアを中心とする神聖同盟軍2万の間で交わされた戦い（同盟側司令官はマントヴァ公フランチェスコ2世ゴンザガ）である。フランス側は戦役により得た戦利品を失ったが、他方同盟軍はフランス軍の帰途を阻むという戦略目標を達成できなかった。

*3　チェリニョーラの戦いは1503年4月21日、イタリア・プーリア州チェリニョーラの地で、ルイ・アルマニャック麾下のフランス軍8千と大元帥ゴンサロ・フェルナンデス・デ・コルドバ麾下のスペイン軍8千が激突した戦い。一方で塹壕によりフランス重騎兵の衝撃を食い止め、他方で火縄銃部隊の射撃により、これを殲滅するという画期的な戦法を用いてコルドバは勝利をおさめた。その影響は甚大で、これ以後、野戦築城と火器を組み合わせる戦術が普及していく。

*4　アニャデッロの戦いは1509年4月15日、ルイ12世率いる約4万のフランス軍が、これに対抗する傭兵隊長バルトロメオ・ダルヴィアーノ率いるヴェネツィア共和国軍2万5千を撃破した戦い。マキアヴェッリの言によればヴェネツィアはこの戦いの敗北により、「800年かけてかちとった領土を、たった一日で失った」ほどの打撃を受けた。

*5　ラヴェンナの戦いは1512年4月11日、ヌムール公ガストン・ド・フォアを主将とするフランス軍3万と、スペインのナポリ副王ライムンド・デ・カルドーナを主将とする神聖同盟軍2万5千の間に生じた戦い。フランス軍は神聖同盟軍を撃破したが、主将ガストン・ド・フォアを失い、ロンバルディアからの撤退を余儀なくされた。戦いの序盤、フランス軍の56門の大砲（フェラーラ公アルフォンソ・デステが指揮）とスペイン軍の3門の大砲の間で、1時間以上に及ぶ激しい砲撃戦が繰り広げられ、火器が決定的役割を担った西欧史上最初の合戦とされる。

*6　マリニャーノの戦いは1515年9月13日から15日にかけ、国王フランソワ1世直率のフランス軍4万が、ミラノを支配するスイス軍2万5千を打ち破った合戦。歩兵・騎兵・砲兵の連携戦術をとるフランス軍が、従来無敵を誇ったスイス軍の長槍密集陣形を撃破したことにより、西洋軍事史上におけるスイス傭兵優位の時代の終焉を告げた出来事とされる。スイス傭兵の軍制を模しつつもそれを深化発展させた、ドイツのランツ

*34　ジョフロワ・ド・シャルニー（Geoffroi de Charny）は14世紀前半のフランスの貴族。騎士道に関する3冊の著作を残す。フィリップ6世及びジャン2世の側近であった。ポワティエの戦いで戦死。ここにあげられる『騎士道の書』（Livre de Chevalerie）は彼の著作中最も世に知られた作品で、1350年に執筆された。

*35　De re militariというラテン語の書名の濫觴は、古代ローマの軍学者ヴェゲティウス（Vegetius）の著作に求められる。この書はすでに中世期より重んじられてきたが、ルネサンス期に入ると古代に対する関心の高まりと共に、古代ローマ軍の姿を伝える書として江湖の関心を集め、大きな影響を及ぼした。これに触発されてこの時期同じくDe re militariの名を冠した書物がいくつか刊行されている。ロベルト・ヴァルトゥリオのそれやアントニオ・コルナッツァーロのそれが代表的なものである。マキアヴェッリの『戦争の技法』（Arte della Guerra）も手稿の段階ではDe re militariというラテン語の表題を有していた。

*36　未だ公的社会結合が脆弱な中世ヨーロッパにおいてはそれに代わるものとして、平等な成員相互の紐帯に基づく相互扶助を目的とする、さまざまな私的「兄弟社」（fraternità）が結成されていた。その中で特に戦士的性格を有する人士により結成され、主に戦場における相互扶助を企図するものを軍事的兄弟社と呼ぶ。

第二章　イタリア戦争から三〇年戦争へ

*1　イタリア戦争は1494年のフランス王シャルル8世のイタリア南下に始まり、1559年のカトーカンブレジ条約締結に至る約半世紀にわたり、イタリア半島を主戦場に西欧諸国を巻き込んで繰り広げられた国際的戦争。ヴァロア朝治下のフランスはナポリ及びミラノ支配の権利を主張したが、これに反発するハプスブルク家（神聖ローマ帝国・スペイン）が介入、パヴィアの戦い（1525）とそれに続くローマ劫掠（1527）の結果、イタリア半島にスペイン優位の形勢が作り出された。その後もフランスは長期にわたりイタリアにおける勢力回復の機を窺うが成功せず、カトー・カンブレジ条約締結によりスペイン系ハプスブルク家のイタリア支配が確立した。

*30　正規部隊は1445年、シャルル7世の王命により創設された常備騎兵団である。それはおよそ1500〈騎〉からなっていたが、この1〈騎〉は6名（重装騎兵1名、弓手3名、従者1名、小姓1名）により編成される単位であり100〈騎〉を以て1大隊を構成する。なかんずく中核をなす貴族出身の重装騎兵は王に直接任命され、彼に忠誠を誓う存在であった。正規部隊全体では15大隊を算し、したがって全体では9千名の兵力を擁した。彼らはその給与や補給を王に依存している。このような直属軍団の創設によりフランス王は、国家の防衛を委ねるべき信頼しうる軍隊を入手したのである。

*31　人頭税免除弓兵隊は、1448年8月28日のフランス王シャルル7世の王令により設定された軍事組織で、歩兵として前記「正規部隊」を補助する任務を受け持った。「正規部隊」の中軸をなす重装騎兵が貴族出身の志願兵であるのに対して、人頭税免除弓兵隊の隊員は、その名の如く人頭税（taille）の免除を代償に各村落から徴兵された平民により成り立っていた。こうした組織の必要性はクレシーやアザンクールの戦いにおける、イギリス弓兵隊の活躍により痛感されていたが、直接的にはすでにブルターニュ公により創設されていた弓兵民兵隊に範をとったものであろう。武芸練達の士という徴募要件にあるように、彼らの多くは当時フランス各地に存在していた自警団から供出されたものと考えられる。百年戦争中はしばしば勲功をあげ注目されたが（一例はマキアヴェッリ『君主論』第13章における言及）、訓練がわずかに毎日曜と祭日に限定されたこともあり、以後次第に等閑にされ16世紀半ばには消滅した。

*32　カール・フォン・クラウゼヴィッツは19世紀初頭プロイセンの軍人・軍事理論家。ナポレオン戦争に従軍した経験から生まれた主著『戦争論』は、近代軍事理論の精華として各国の軍隊に大きな影響を与えた。

*33　ジャン2世（1319-1364）は百年戦争期に在位したフランス王（位1350-1364)。ポワティエの戦いでエドワード黒太子率いるイギリス軍に大敗、自身も捕虜となる。彼の莫大な賠償金の支払いと、イギリスに対する大幅な領土の割譲、1358年に生じた大規模な農民反乱（ジャクリーの乱）のため、フランス王国は崩壊寸前まで追い詰められた。彼のイギリス虜囚中の国政は、王太子（後のシャルル5世）に委ねられ、その下で改革が進められる。

成立の結果教皇党《ゲルフィ》の勝利に終わり、ジャーノ・デ・ベッラの主導のもと「正義の規定」が制定された。この規定は政府官職への就任に同職組合《アルテ》への加入を要求し、貴族階級の政治参加を排除する機能を有した。こうした圧迫に絶えかね、家紋や家名を改称し同職組合《アルテ》に参加することで平民化することにより、自家の政治的地位の保全を図る家系も多数出現した。フィレンツェ領に「城郭を支配して、自分に隷属する領民を従える」「領主《シニヨーリ》」がほとんど根絶されていることについては、マキアヴェッリ『ディスコルスィ』Ⅰ-55が証言している。

*26　元来フィレンツエの商工階級は、教皇党《ゲルフィ》／皇帝党《ギベリン》間の抗争の過程において自身の政治的地位を保全・向上させるべく、人民隊長《カピターノ・デル・ポポロ》の指揮下、居住地区に基づく市民軍を結成した。だがこの都の経済発展にともない自衛意識は減退し、戦争の大半は傭兵に委ねられるようになった。この間の経緯についてはマキアヴェッリ『君主論』第12章に証言がある。

*27　マキアヴェッリによれば、傭兵隊の導入によるこうした敢闘精神の衰弱こそイタリアの没落の最大の原因であった。「（傭兵隊長たちの）武勲のおかげで、イタリアはシャルルに駆逐され、ルイに略奪され、フェルディナンドに乱暴され、スイス兵に辱めを受けるまでになったのである」（その『君主論』第12章あるいは『戦争の技法』緒言を見よ）。

*28　ミケーレ・アッテンドロ・ダ・コティニョーラ（1370-1463）は15世紀イタリアに活躍した傭兵隊長。ルネサンス期を代表する傭兵隊長一族スフォルツァ家に属し、ミラノ公フランチェスコ・スフォルツァの父ムツィオ・アッテンドロとは従兄弟にあたる。ウッチェロの名画『サン・ロマーノの戦い』は、戦場における彼の活躍を描いた作品である。

*29　フランチェスコ・ダティーニ（1335-1410）は中世イタリア、プラト一生まれの商人。アヴィニョンで商業活動に従事し産をなした後、フィレンツェに銀行商会を開設した。またプラトー市政の要職にもついている。相続人のないまま残された彼の資産は10万フィオリーノに及び、この街のイル・チェッパ・ヴェッキ病院の設立に使われた。注目すべきは今に残るその邸宅から発見された15万点に及ぶ古文書で、これによりルネサンス期の商人の活動の解明に、新たな光が投げかけられることになった。

ける主要兵器として活用したことは見逃せない。火縄銃に次第に取って代わられていったが、16世紀初頭までその存在が確認される。

*20　石弩は火器登場以前の中世ヨーロッパの戦場で利用された、代表的飛び道具である。当初は木・角・腱等を素材としたが、14世紀後半鍛鉄製の石弩が登場し、いっそう性能が高まった。長弓に比し操作が容易で、騎士の甲冑をも射貫く貫通力を有したため、騎士たちの恐怖と憤激の的となった。だが騎士たちが甲冑の強度を高めていくのに対抗するためその機構が複雑化した結果、射速が著しく低下し次第に実用性を失うに至る。中世においては、ジェノヴァ出身の石弩兵がその熟練において著名であった。

*21　カルバリン砲は16-17世紀に用いられた初期の大砲の一種。弾丸の重量は18ポンド（約8.2キログラム）程度の中口径砲である。初速は秒速400メートル、射程は500メートルに達したが照準の定位が難しく、命中精度は低かった。当初は青銅砲が大半であったが、後期には鋳鉄製のものも作成された。

*22　カノン砲とは近世初頭においては、弾丸重量45ポンド（約20.4キログラム）以上の大口径砲を指す名称として用いられた。後に野戦においても大砲が用いられるようになると、仰角をつけて間接射撃を行う曲射砲や、砲身を短くし移動の便を図った野戦砲と区別して、砲丸や散弾を用い平直射を行う砲をカノン砲と称するようになった。

*23　投石機《カタパルト》は古代ローマ軍はじめ、古代・中世世界各地で用いられた攻城用兵器。綱の弾力とてこの原理の応用により石を飛ばし、城壁に打撃を与えることを目的とする。古代ローマ軍では弾力を利用するオナガー、錘の位置エネルギーを利用するトレビュシェットの2種類が存在し、前者は中世期のマンゴネルへと進化した。オナガーが石弾を直射し、トレビュシェットが曲射するところから、それぞれ後世のカノン砲及び曲射砲の機能的先駆ととらえる考え方もある。

*24　メフメト2世は難攻不落と称されるコンスタンティノープル城壁を破壊するため、1452年ハンガリー人技師ウルバンを登用し、エディルネにて長さ8メートル、重量17トン、発射する弾丸の重さ500キログラム、射程1.6キロメートルに達する巨砲を製造させた（ウルバンの大砲）。

*25　フィレンツェでは教皇党《ゲルフィ》と皇帝党《ギベリン》の対立抗争が、第2次人民政権の

正面を自軍の歩兵団に任せ、左右翼のイギリス長弓兵を自軍騎士団の突進力で駆逐しようとした。だがイギリス軍が設定した泥濘地という戦場の悪条件と、イギリス長弓兵が事前に設置した木杭の列に阻まれ、フランス騎士軍はその突進力の発揮を封じられてしまう。イギリス長弓兵の猛射により、騎兵から始まったパニックはフランス軍全体に波及し、V字陣形の間に挟み込まれ、自軍同士互いに押し潰し合って窒息死するという、フランス軍の従来の敗戦パターンが再現されてしまった。

＊17　15世期のヨーロッパの戦争における歩兵の数の減少については、マキアヴェッリが『君主論』第12章や『ディスコルスィ』Ⅱ-18において証言している。彼によれば15世期のイタリアの軍隊においては、2万の全軍中、歩兵はわずか2千にとどまったという。ただし彼はこれを、自身の商業的価値を高めるための、傭兵隊長による陰謀と考えている。

＊18　1391年ハプスブルク家の支配に反抗し、ウーリ以下3州が相互支援の誓約を交わしたのが、スイス誓約者同盟の起源である。誓約者同盟軍はモンガルテンの戦い（1315）、ゼンバッハの戦い（1386）でハプスブルク軍を相次いで打ち破りその名を高める。だがスイス兵の名声を全欧に一挙に知らしめたのは、ナンシーの戦い（1474）でブルゴーニュのシャルル突進公を敗死せしめたことによる。こうした情勢の中、スイス兵の軍事的価値の活用に最初に着目したのが、フランス王ルイ11世に他ならない。他方全土が山間にあり、農業に期待できないスイス諸州にとっても、自身の名声を利用した出稼ぎの一種として、その軍事的奉仕を経済的利益に変換することは恰好の産業であった。誓約者同盟は1474年、フランス王との間に傭兵契約を初めて交わし、以後スイスの各州政府はその管理の下、フランス王をはじめ西欧各地の王侯に、傘下の村落の農民を組織的に提供した。56列26段の長槍密集方陣を組み針鼠のように突進するスイス傭兵軍は、ライバルたるドイツのランツクネヒト兵が登場するまで約半世紀、西欧において無敵の強さを誇った。

＊19　スコピエット銃は原初的な銃器で、中国における手銃をその起源とする。ショッポ銃またはショペット銃とも呼ばれる。14世期頃よりイタリアを中心に普及し、特にブルゴーニュ公国軍においては、数千名に達する銃手が勤務していた。また1419年に始まるフス戦争に際して、フス派の軍事指導者ヤン・ジェシカが西欧史上初めて、火器を戦場にお

マキアヴェッリの所説の影響するところが大きい。彼は『ディスコルスィ』Ⅱ-18に1422年のアルベドの会戦における傭兵隊長カルマニョーラ伯の戦術に依拠しつつ、このような主張をおこなっている。

*13　クールトレーの戦いは1302年、フランドル市民軍8千とフランス王軍2千5百の間に交わされた合戦である。フランドル市民軍は、泥濘地に布陣することにより騎兵の突撃力を減殺する一方、市民相互の団結に基づく長槍の集団的運用により敵重装騎士団を潰滅させた。これは市民軍の騎士軍に対する中世史上初めての勝利とされる。また歩兵の騎兵に対する勝利という側面と併せて、来るべき近代戦術の起源とも評価される。戦利品としてフランドル軍が獲得したフランス貴族の無数の拍車から、金拍車の戦いとも称される。

*14　クレシーの戦いは百年戦争中の1346年カレー近郊において、イギリス王エドワード3世麾下1万2千の軍勢が、フランス王フィリップ6世麾下3万の大軍を撃破した戦い。重装騎士の突進力による正面突破を図るフランス軍に対し、高所に位置したイギリス軍は戦線正面の下乗騎兵によりこの突進を食い止めつつ、左右翼に配した農民より徴募された長弓隊によりフランス軍を追い詰めた。フランス軍の死者は1万2千にも及んだといわれる。従来この戦いは、クルトレーの戦いと並んで、重装騎士の突進力に頼る中世封建軍の戦法の終焉を刻する出来事と評されてきた。

*15　ポワティエの戦いは百年戦争中の1356年、イギリスのエドワード黒太子率いる9千の軍勢が、フランス王ジャン2世率いる1万8千の軍勢を潰滅させた戦い。クレシーの戦いの再現を狙うイギリス側の戦術にフランス側は見事にはまり、長弓隊の側面からの脅威によりパニックに陥ったフランス重装騎士団は、イギリス軍の構成するV字型の布陣の間に挟み込まれ、自身の重みに押しつぶされることにより多数の死者を出した。またジャン2世自身も捕虜となり、その莫大な身代金と相俟って、フランスは一時国家として麻痺状態に陥る。

*16　アザンクールの戦いは百年戦争中の1415年、イギリス王ヘンリー5世の率いる7千の軍が、およそ2万に及ぶフランス諸侯軍を撃破した戦い。戦線正面の下乗騎士軍と左右翼の長弓隊によるイギリス軍のV字陣形にたびたび苦杯を嘗めさせられたフランス軍は、その戦術を転換し、

その教説の信奉者たち（フス派）は第一次「窓外放擲事件」（1419）によりカトリック教会派の都市首脳を殺害し、フス戦争が開始される。戦争の背景には次第に成長するボヘミアの民族主義があり、こうしたフス派の軍隊の国民軍的性格は、戦車や火器を活用する名将ヤン・ジシュカ（1374-1424）の画期的戦術とともに、その強さの秘密とされる。このフス派軍隊の特徴に、近代軍隊の先駆を見る論者も少なくない。だがその後フス派は内部分裂により弱体化し、グロトニキの戦い（1439）の敗北によりカトリック勢力に鎮圧された。

*10　チュートン騎士団は十字軍に際し創設された修道騎士団のひとつであるが、後に活動の場を現在のプロイセンに求め、この地に騎士団国家を形成する（1225）。近隣のポーランド、リトアニアのスラブ系の正教徒や非キリスト教徒の征服·改宗を任務とし、これらの国々と恒常的戦争状態にあった。だがポーランドにヤギェヴォ朝が成立し（1386）、そのキリスト教化が完了するに及び、その圧迫をうけついには属国化する。1525年、ルター派に改宗した総長アルブレヒト・フォン・ブランデンブルグが、ポーランドの宗主権下のプロイセン公国を創設、後世のプロイセン王国の基礎を築いた。

*11　13世紀末アナトリア西北部に出現したオスマン朝は、改宗キリスト教徒により構成された常備歩兵軍イニェチェリ軍団を編成し、ビザンツ帝国の政治的内紛に乗じ、バルカン半島方面に次第にその領土を蚕食していった。1453年スルタン・メフメト2世はコンスタンティノープルを攻略、ビザンツ帝国を滅亡させこの地に遷都する。その後オスマン朝はエジプトをも制圧、スレイマン1世期にはハンガリーの大半を手中に収め、1529年ウィーンを包囲するに至る（第1次ウィーン包囲）。他方この時期オスマン朝は海上にも勢力を拡大し、ブレヴェザの海戦の勝利により、ヴェネツィアを押さえ地中海の制海権を獲得した。1571年にはレパントの海戦においてキリスト教国連合艦隊の前に一敗地を喫するも、オスマン朝の海上発展はその後も続き、キプロス島（1573）、クレタ島（1645）をヴェネツィアより次々と奪取した。しかし1683年のウィーン包囲（第2次）の失敗によりオスマン朝の領土拡大は停止することとなる。

*12　下乗し徒歩立ちとなった騎兵の騎兵に対する優越という主張には、

*5　14世紀半ば以降、北中部イタリア都市国家では共和政が衰退し、それに代わり都市内政治党派の有力者が僭主として政権を壟断した。こうした政治体制をシニョリア制と称する。ミラノのヴィスコンティ家、フェラーラのエステ家、マントヴァのゴンザーガ家などは、こうしたシニョリア制に端を発するルネサンス期の支配王朝の代表である。

*6　地中海におけるフランス・アンジュー家とスペイン・アラゴン家の抗争は、13世紀の「シチリアの晩禱」事件（1282）にその端を発する。13世紀、南イタリアがフランス王弟シャルル・ダンジューの支配下に置かれるや、それに不満を抱いたシチリア島民は前王朝ホーエンシュタウフェン家に連なるアラゴン王ペドロ世を推戴し、イタリア南部はここにナポリ王国を確保したアンジュー家とシチリア島を支配するアラゴン家の分割するところとなった。1442年、アラゴン系シチリア王アルフォンソ5世はアンジュー系ナポリ王ルネを駆逐、シチリアとナポリを統一する。後のフランス王シャルル8世のイタリア侵入（1494）は、アンジュー家より継承したフランスの権利回復を主な動機とするものである。

*7　ブルゴーニュ公国は1363-1477年の間、この地を支配したヴァロア・ブルゴーニュ公家のもとフランスから独立し、ひとつの国家を形成する勢いを示した。なかんずくシャルル突進公（位1467-1477）は、こうした政策実現のため征服戦争を積極的に展開した。だが彼の好戦的姿勢は周辺諸国の反感を買い、また戦争遂行の費用調達のため課した重税は、領民の離反を招くことになる。相次ぐ敗戦により追い詰められたシャルル公は、ナンシーの戦いで戦死し、ブルゴーニュ公国は崩壊した。

*8　1289年のスコットランド王家断絶は、イングランド王エドワード1世にとり絶好の介入の契機となった。だが彼の侵略政策はスコットランドの軍事指導者ウィリアム・ウォラス、王位請求者ロバート・ブルースらの抵抗を惹起する。スコットランド王に即位したロバート・ブルース（ロバート1世）は、イングランド軍をバノックバーンの戦い（1314）で撃破、スコットランドは独立を回復した。だが彼の死後、国内における王位継承紛争とイングランドからの内政干渉が再燃し、侵攻するイングランド軍とスコットランド軍の抗争のためスコットランドは荒廃した。

*9　ボヘミアの宗教改革者ヤン・フスは1415年に火刑に処されたが、

訳注

第一章　中世末期の戦争

＊1　10世紀後半以降、北・中部イタリアに台頭した都市の市民階級は、封建諸侯に対する隷属からの自立を求め、自治権獲得運動を展開する。こうして成立した自治都市は次第に周辺地域を併呑し、そこに自身を〈主君〉とする封建的支配関係を確立した。他方このような封建的支配関係は、従属者の側の相対的自治権を保障するものでもあった。かかる状況は14世紀半ば以後一変する。中心都市は官僚制度の整備により、従属都市の相対的自治権を削減し、領域国家を形成するに至る。このような集権的領域国家の形成という志向において、14世紀半ば以降の北・中部イタリア都市国家は、同時代の大君主とまさに同一の位相に立っている。

＊2　北・中部イタリアの自治都市国家は、その周辺地域を属領《コンタード》として支配し、司法権や徴税権を行使した。14世紀頃より有力自治都市国家はこうした属領《コンタード》に加え、他の自治都市国家を次第に保護領《ディストレット》へと再編し、広汎な勢力圏を形成する。

＊3　ヴィスコンティ家は中世末期からルネサンス初期にかけ、ミラノを支配した一族（1277-1442)。13世紀末、オットーネがライヴァルたるデ・トーレ一族との抗争にうち勝ち、ミラノに政権を確立した。続いてその子マッテオ1世がミラノのカピターノ・デル・ポポロに就任し(1287)、その後ジャン・ガレアッツォが、皇帝よりミラノ公に叙任される（1378)。彼は北・中部イタリアに巨大な領域国家の建設を志し、フイレンツェ共和国と死闘を繰り広げた。こうした政策は後継者フィリッポ・マーリアにも受け継がれた。

＊4　スフォルツァ家はルネサンス期ミラノを支配（1450-1535）した一族。傭兵隊長フランチェスコ・スフォルツアが、フィリッポ・マーリア・ヴィスコンティの娘ビアンカとの婚姻とヴェネツィアの支援により公位を継承、新王朝が定礎される

大王』人物往来社、1966年。
P. ヘイソーンスウェイト（稲葉義明訳）『フリードリヒ大王の歩兵——鉄の意志と不屈の陸軍』新紀元社、2001年。
C. M. チポラ（大谷隆昶訳）『大砲と帆船——ヨーロッパの世界制覇と技術革新』平凡社、1996年。
C. ヨルゲンセン（竹内喜・徳永優子訳）『戦闘技術の歴史3 ——近世編』創元社、2010年。

【ナポレオン時代】

洋書

A. Barbero, *La battaglia. Storia di Waterlo*, Roma-Bari 2003
D. Chandler, *The Campaigns of Napoleon*, New York, 1966
G. E. Rothenberg, *The Napoleonic Wars*, London, 2006

和書

L. ジョフラン（渡辺格訳）『ナポレオンの戦役』中央公論新社、2011年
R. B. ブルース（野下祥子訳）『戦闘技術の歴史4 ——ナポレオンの時代編』創元社、2013
清水多吉・石津朋之編『クラウゼヴィッツと「戦争論」』彩流社、2008年
阪口修平編『近代ヨーロッパの探究12——軍隊』ミネルヴァ書房、2009年。
松村劭『ナポレオン戦争全史』原書房、2005年。
A. ロンコ（谷口勇・G. ピアッザ訳）『ナポレオン秘史——マレンゴの戦勝』而立書房、1994年。
L. フォアマン他（山本史郎訳）『ナイルの海戦——ナポレオンとネルソン』原書房、2000年。
J. ストローソン（城山三郎訳）『公爵（ウェリントン）と皇帝（ナポレオン）』新潮社、1998年。

【17世紀】

洋書

J. R. Hale, *Renaissance Fortification*, London,1977

I. Lopez, *The Spanish Tercios 1536-1704*, Oxford, 2012

M. Mallett, The Art of War, in *Handbook of European History 1400-1600. Late Middle Ages, Renaisance and Reformation*, vol, 1, Leiden- New York- Köln 1994, pp. 535-62

M E. Mallett, J. R. Hale, *The Military Organisation of a Renaissance State: Venice c.1400 to 1617*, Cambridge, 2006

K. Roberts, *Pike and Shot Tactics 1590-1660*, Oxford, 2010

和書

菊池良生『傭兵の二千年史』講談社現代新書、2002年。

A．コンスタム（大森洋子訳）『図説　スペイン無敵艦隊――エリザベス海軍とアルマダの戦い』原書房、2011年

鈴木直志『ヨーロッパの傭兵』世界史リブレット、山川出版社、2003年。

J．パーカー（大久保桂子訳）『長篠合戦の世界史――ヨーロッパ軍事革命の衝撃　1500~1800年 』同文館、1995年。

R．バウマン（菊池良生訳）『ドイツ傭兵の文化史――中世末期のサブカルチャー／非国家組織の生態誌 』新評論、2002年。

A．マヌシー（今津浩一訳）『大砲の歴史』ハイデンス、2004年。

【18世紀】

洋書

M. Anderson, *War and Society in Europe of the Old Regime 1618-1789*, London 1988

J. Black, *European Warfare 1660-1815*, London, 1994

John Childs, *Warfare in the Seventeenth Century*, London, 2006

C. Duffy, *The Milirary Experience in the Age of Reason*, London 1987

和書

デルブリュック（小堤盾編著）『戦略論大系12――デルブリュック』芙蓉書房出版、2008年。

林健太郎・堀米庸三編『世界の戦史 第6――ルイ十四世とフリードリヒ

参考文献

【全体】

M. ハワード（奥村房夫・奥村大作訳）『ヨーロッパ史における戦争』中央公論新社、2010年。

W. マクニール（高橋均訳）『戦争の世界史——技術と軍隊と社会 』刀水書房、2002年。

B. ホール（市場泰男訳）『火器の誕生とヨーロッパの戦争』平凡社、1999年。

【中世（16世紀以前）】

洋書

T. F. Arnold, *The Renaissance at War. Smithsonian History of Warfare*, edited by John Keegan. New York, 2006.

M. E. Mallett, *Mercenaries and Their Masters-Warefare in Renaissance italy*, London, 2009

M. E. Mallett, C.Shaw, *The Italian Wars,1494-1559: War, State and Society in Early Modern Europe*, London, 2012

P. PIERI, *Il Rinascimento e la crisi militare italiana, Milano* 1952

和書

白幡俊輔『軍事技術者のイタリア・ルネサンス——築城・大砲・理想都市』思文閣出版、2012年。

D. ニコル他（稲葉義明訳）『百年戦争のフランス軍—— 1337－1453 』新紀元社、2000年。

D. バレストラッチ（和栗珠里訳）『フィレンツェの傭兵隊長ジョン・ホークウッド 』白水社、2006年。

M. ベネット他（野下祥子訳）『戦闘技術の歴史 2——中世編：AD500－AD1500』創元社、2009年。

D. ミラー他（須田武郎訳）『戦場のスイス兵　1300－1500——中世歩兵戦術の革新者』新紀元社、2001年。

年代	戦争	世界の動き	日本の動き
1800-1804	ナポレオン第一統領	[独]ガウス『整数論』(1801)	伊能忠敬の蝦夷地測量(1800)
1800	マレンゴの戦い	[仏]アミアンの和約(1802)	
1804-1814,1815	皇帝ナポレオン		
1805	アウステルリッツの戦い／トラファルガー海戦／イエナの戦い	[仏]大陸封鎖令(1806)、[独]ヘーゲル『精神現象学』(1807)	
1809	ワグラムの戦い	[独]ゲーテ『ファウスト』第一部(1808)	フェートン号事件(1808)
1812	ロシア遠征　ボロジノの戦い	[米・英]米英戦争(1812)	
1813	ライプツィッヒの戦い		
1815	ワーテルローの戦い	[墺]ウィーン会議(1814)	

年代	戦争	世界の動き	日本の動き
1704	ブレンハイムの戦い		赤穂浪士討ち入り(1703)
1706	トリノの戦い	[英]大ブリテン王国成立(1707)	
1709	マルプラケの戦い／ポルタヴァの戦い		徳川吉宗将軍(1716)
1733-38	ポーランド継承戦争		
1740-86	プロシア王フリードリヒ二世(大王)		
1740-48	オーストリア継承戦争		
1746	クローデンの戦い	[独]バッハ「音楽の捧げもの」(1747)	
1756-63	七年戦争	[仏]『百科全書』刊行開始(1751)	
1757	ブラッシーの戦い／コリンの戦い／ロスバッハの戦い／リュッツェンの戦い		
1759	イギリスのカナダ征服	[英]大英博物館(1759)、[仏]ルソー『社会契約論』(1762)	
1775-83	アメリカ独立戦争	[英]ワットの蒸気機関(1769)、[米]ボストン茶会事件(1773)	
1781	ヨークタウンの戦い	[独]カント『純粋理性批判』(1781)、[中]四庫全書(1781)	天明大飢饉(1782)、金印発見(1784)
1789-95	フランス革命戦争	[仏]バスティーユ襲撃(1789)	寛政の改革(1787)
1792	ヴァルミーの戦い	[仏]第一共和政(1792)	ラクスマン来日(1792)
1796-1815	ナポレオン戦争	[仏]バブーフの陰謀(1796)	
1798	アブキール海戦(ナイル海戦)	[仏]ブリュメール18日クーデター(1799)	

年代	戦争	世界の動き	日本の動き
1642-48	イギリスの内乱(清教徒革命戦争)		
1643	ロクロワの戦い	[中]清帝国成立(1644)	
1643-1715	フランス国王ルイ一四世		
1644	マーストン・ムーアの戦い	[仏]フロンドの乱(1648)	
1645	ネーズビーの戦い	[英]チャールズ1世処刑(1649)	
1652-54	第一次英蘭戦争	[英]ホッブス『リヴァイアサン』(1651)	
1657-68	スペイン－ポルトガル戦争／イギリス－フランス戦争	[印]タージ・マハール建設(1653)	玉川上水(1653)
1658	クロムウェル死去	[露]北方戦争(1655)、[英]王政復古(1660)	明暦の大火(1657)
1665-67	第二次英蘭戦争	[中]康熙帝即位(1661)	水戸藩主徳川光圀(1661)
1669	トルコ軍のカンディア占領	[英]ロンドン大火(1666)	
1672-78	ネーデルラント継承戦争	[中]三藩の乱(1673)、[英]グリニッジ天文台(1675)	越後屋呉服店開店(1673)、徳川綱吉将軍(1680)
1683	ウィーン包囲戦(第二次)	[仏]ナントの勅令廃止(1685)	井原西鶴『好色一代男』(1682)
1688-97	ファルツ継承戦争(大同盟戦争)	[英]名誉革命(1688)	生類憐れみの令(1687)
1690	ボインの戦い	[中・露]ネルチンスク条約(1689)	
1689-1725	ロシア皇帝ピョートル一世(大帝)		
1700-21	ノルドの戦い	[露]北方戦争開始(1700)	
1701-14	スペイン継承戦争	[独]プロイセン王国成立(1701)	

年代	戦争	世界の動き	日本の動き
1557	サン・クィンティーノの戦い	アウグスブルグの宗教和議(1555)	
1559	カトー・カンブレシスの和	[英]エリザベス女王(1558)	桶狭間の戦い(1560)
1562-98	フランス宗教戦争(ユグノー戦争)		
1562	ドルーの戦い		
1566-1609	低地諸国の対スペイン反乱(オランダ独立戦争)		
1570-72	トルコ軍キプロス征服		姉川の戦い(1570)
1571	レパントの海戦		三方が原の闘い(1572)、室町幕府滅亡(1573)
1588	無敵艦隊の来寇		長篠の合戦(1575)
1588-1625	ナッサウ伯マウリッツ、オランダ総督	ナントの勅令(1598)	本能寺の変(1582)、豊臣秀吉関白任官(1585)
1611-32	スウェーデン王グスタフ二世アドルフ	オランダ東インド会社(1602)	関ヶ原の合戦(1600)、江戸幕府開府(1603)
1618-48	30年戦争	[中]後金成立(1616)	大坂夏の陣(1615)
1620	白山の戦い	[仏]宰相リシュリュー(1624)	
1627-28	ラ・ロシェル攻囲戦	[英]権利の請願(1628)	
1631	マルデブルク掠奪／ブライテンフェルトの戦い		
1632	リュッツェンの戦い	[伊]ガリレオ『天文対話』(1632)	
1634	ネルトリンゲンの戦い／ワレンシュタイン死	[仏]デカルト『方法序説』(1637)	島原の乱(1637)
1639	デューンの戦い(ダンケルクの戦い)	[米]ハーバード大学設立(1639)	

年代	戦争	世界の動き	日本の動き
1485	ボスワースの戦い		銀閣寺(1483)
1492	スペインのグラナダ征服(レコンキスタ完了)	コロンブス新大陸に到達(1492)	
1494-1559	イタリア戦争		
1494	フランス王シャルル八世イタリア侵攻	トルデシリャス条約(1494)	
1495	フォルノーヴォの戦い		
1499	フランス王ルイ一二世イタリア侵攻		
1503	チェリニョーラの戦い		
1509	アニャデッロの戦い		
1512	ラヴェンナの戦い	エラスムス『痴愚神礼賛』(1511)	
1513	フロッデンの戦い	マキアヴェッリ『君主論』(1513)	
1515	マリニャーノの戦い	ルター「95か条の論題」(1517)	
1519-56	皇帝カール五世		
1520-66	トルコ皇帝スレイマン大帝	コルテスのメキシコ征服(1521)	
1524-25	ドイツ農民戦争		
1525	パヴィアの戦い		
1526	モハーチェの戦い		
1527	ローマ劫掠		
1529	トルコ軍ウィーン包囲(第1次)	ピサロのインカ帝国征服(1532)、[英]首長令(1534)	
1546-55	ドイツ宗教戦争(シュマルカルデン戦争)	コペルニクスの地動説(1543)	鉄砲伝来(1543)
1547	ミュールベルクの戦い		

年　表

年代	戦争	世界の動き	日本の動き
1337-1453	百年戦争		鎌倉幕府滅亡(1333)
1346	クレシーの戦い	黒死病大流行(1347)	室町幕府成立(1338)
1356	ポワティエの戦い	[仏]ジャクリーの乱(1358)、[中]明建国(1368)	足利義満の執政(1368～)
1378-81	キオッジャ海戦	教会大分裂(1378)	
1389	コソボ・ポリエの戦い	[英]ワット・タイラーの乱(1381)	
1396	ニコポリスの戦い		南北朝合一(1392)、金閣寺(1397)
1410	グリュンヴァルド－タンネンベルクの戦い	鄭和の南海遠征(1405)	
1415	アザンクールの戦い	コンスタンツ公会議(1414)	
1419-34	フス戦争		
1427	マクロディオの戦い		
1429	オルレアンの戦い		
1448	カラヴァッジョの戦い		足利義政の執政(1449～)
1453	トルコ軍コンスタンティノープル征服	百年戦争終結(1453)	
1454	ローディの和約		
1455-85	バラ戦争	グーテンベルク聖書(1455)	
1467-77	ブルゴーニュ公シャルル突進公		応仁の乱(1467)
1476	グランソンの戦い／モラの戦い		
1474	ナンシーの戦い	[西]スペイン王国成立(1478)	

や行

傭兵（制／制度） 21, 22, 63
傭兵契約 20, 58
傭兵（隊／隊長） 4, 9, 20-25, 32, 57, 65, 111

ら行

ライプツィッヒの戦い 167
ラヴェンナの戦い 40
ランツクネヒト 56, 61, 63
リボルテッラ 9
竜騎兵 104, 124
榴弾砲 172
リュッツェン（戦い／決戦） 58, 74
旅団 50
ルイ一四世 70, 79, 82, 91, 94, 95, 99, 102-104, 113, 131, 132
ルーヴォワ 111
レコンキスタ 7
レパントの海戦 86
連隊 67-70, 99-108, 110, 115, 121, 124, 125, 127, 128, 140, 146, 148, 159
ロクロワの戦い 47, 83
ロスチャイルド家 152

わ行

ワーテルローの戦い 114, 158, 162
ワグラムの会戦 166
ワシントン，ジョージ 146

長弓　8-12, 14, 26, 32, 36, 43, 56, 60
ナッサウ伯マウリッツ　47
ナポレオン　4, 29, 74, 98, 112, 114, 128, 130, 136, 138, 143-145, 147-179
ナポレオン戦争　98, 113, 114, 128, 138, 148, 151, 152, 159, 165, 176
西インド諸島　71, 140
ネルソン　174
ネルトリンゲンの戦い　83
農奴　115, 148
ノルマンディー　31

は行

廃兵院　79
パヴィア（戦い）　40, 41, 70, 83
迫撃砲　133, 153, 172
白兵戦　43, 47, 117, 158
バダホス　173
ハプスブルク　40, 52, 74, 99
薔薇戦争　7
ピエモンテ　65
ピカルディー　103
火縄銃　15, 40, 43-46, 50-52, 55, 58, 68, 78, 86, 120, 123, 124
ヒネーテス　51
百年戦争　4, 7, 9, 10, 23, 28, 30, 37
『百科全書』　126
ピョートル大帝　115
フィリベルト，エマヌエレ　65
フィレンツェ　7, 21, 80, 81
フェリーペ二世　67, 72
フォークランド　178
フォルノーヴォの戦い　40
フス派　7
フランス革命　55, 107, 144, 145, 146, 148
フランス宗教戦争　53
フランドル　7, 9, 36, 46, 47, 56, 58, 60, 62, 63, 71, 80, 131
フリードリヒ（二世／大王）　96, 97, 106, 135
ブリガンティン　174
フリゲート艦　139, 141, 174
ブルゴーニュ（公／公国）　7, 25, 62
フルンズベルグ，ゲオルグ・フォン　61
プロイセン　29, 96, 97, 104, 106, 109, 111, 114-116, 135, 148, 149, 157, 160, 173, 179
ヘッセン人　105, 106
ベネディクト会　34
『ヘンリー四世』　59
ヘンリー八世　88
防塞　77
ポツダム　106
ボヘミア　7
ポワティエの戦い　10, 33

ま行

マーストン・ムーアの戦い　83
マインツ　173
マキアヴェッリ　65
マスケット（銃／兵）　45-50, 52, 54, 58, 69, 96, 106, 107, 117, 118, 122, 124, 134, 141, 153, 154, 163, 179
マッフェイ，シッピオーネ　103
マラバール沖の会戦　91
マリニャーノの戦い　40
マルデブルグ　83
マルバラ公　96, 132, 135
マレ，ミヒャエル　17
アッテンドロ，ミケーレ　23, 24
密集陣形　42, 50
ミラノ（公国）　6, 7, 9, 10, 15, 24
民兵　25, 26, 64-67, 115, 116, 147-150, 179
民兵隊　26, 64-67, 116, 147, 148, 150
無敵艦隊　62, 72, 73, 89
名誉革命　94
メフメト二世　16

ゲリラ戦　177
コルベット　174
コンスタンティノープル　16

さ行

サヴォイア公アメデーオ二世　104
サヴォイア公子エウジェニオ　96
サルディニア　102, 115
サン・クィンティーノの戦い　83
産業革命　120, 151
三〇年戦争　40, 47, 51, 52, 67, 68, 72, 83, 94, 101, 108, 117, 119, 129
参謀　130, 168-170
シェイクスピア　59
シエナ　24, 81
ジェノヴァ　36
師団　145, 167-169
七年戦争　97, 145, 174
シニョリア体制　28
射石砲　77
シャルニー，ジョフロワ・ド　34
シャルル七世　25
シャルル八世　76
ジャン二世　33
シャンパーニュ　103
常備軍　25, 26, 59, 60, 63, 64, 72, 102, 111, 134, 148
私掠　91, 139
新式軍隊　108
神聖ローマ帝国　26, 94, 108, 125
人頭税免除弓兵隊　25
人民戦争　177
スイス　13, 14, 40-42, 49, 50, 56, 63, 102
スウェーデン　50, 52, 58, 66, 67, 73, 89, 101, 106, 109, 123
スコピエット銃　15
ストックホルム　89
ストラディオッティ　52
スフォルツァ，フランチェスコ　9
スフォルツァ家　6, 15
スペイン継承戦争　95, 104
正規部隊　25, 35
清教徒革命　40, 47, 108, 123
制限戦争　165, 178
世界市民主義　112
旋回戦法　53
線形陣形　119, 120
線条銃　154
『戦争論』　160
選抜兵　65, 154
戦列艦　137, 138, 176
総力戦　177, 178
狙撃兵　154-156
ソブリン・オブ・ザ・シーズ号　88

た行

大尉　102, 111
第一次世界大戦　109, 157
第一次湾岸戦争　178
大佐　100-103, 107, 108, 110, 112
大隊　49-51, 55, 68, 69, 100, 102, 111, 119, 120, 140, 155, 157, 159, 167
第二次世界大戦　178
ダティーニ，フランチェスコ　24
ダンダス，デイヴィット　154
チェリニョーラの戦い　40
チュートン騎士団　7
朝鮮戦争　178
徴兵　8, 17, 65, 67, 98, 99, 102, 115, 116, 146-150, 156
徴兵制　65, 67, 115, 146-150, 156
低地諸国　40, 67
テュレンヌ　135
テルシオ　49, 50, 56, 63, 69, 114
投石機　16
トラファルガー海戦　174
トリノ　132
ドルーの戦い　63

な行

ナヴァラ　103
長槍　8, 13, 14, 40-44, 46-52, 55, 57-59, 68, 69, 116-119

人名・事項索引

あ行

アウステルリッツの戦い　162
アザンクールの戦い　10
アニャデッロの戦い　40
アブキール（海戦）　174
アマデーオ二世，ヴィットリオ　104
アムステルダム　48
アメリカ独立（戦争／革命）　98, 105, 136, 144, 146, 154
アラゴン　7, 36
アリオスト　43
石弩　8, 9, 11, 12, 14, 15, 33, 43
イタリア式築城術　78, 83
イタリア戦争　40, 56
ヴァーサ号　89
ヴァスコ・ダ・ガマ　90-91, 137
ヴァレンシュタイン　61, 62
ウィーン　132
ヴィクトリー号　174
ヴィスコンティ家　6
ウィリアム・ピット　151
ヴェトナム戦争　178
ヴェネツィア（共和国）　7, 9, 21, 24, 36, 52, 65, 85
ウェリントン公　114, 173
ヴォーバン　132-133
エリザベス一世　72
エリザベス朝　65
オスマン朝　7
オランダ　47, 48, 60, 78, 86, 91, 94, 137, 140
オランダ独立戦争　60

か行

カール五世　61, 71, 72, 104
カール大帝　4, 52
カスティリア　25, 51
カタパルト　16
カトー・カンブレジの和　40
カノン砲　15, 16, 43, 44, 75-78, 86, 88, 90, 125-127, 138-140, 162, 164, 166, 174
カラック船　87, 88, 91
カラベル船　87, 91
カルバリン砲　15
ガレアス船　85
ガレー船　36, 84-86, 88
ガレオン船　87-89, 91, 136
〈騎〉(lancia)　11-14, 22, 23
ギイ・ポワ　31
騎士道　33, 34, 41
騎乗兵　53
旧体制　57, 60, 64, 94, 95, 97, 112, 114, 122, 144, 148, 153, 157, 165, 167, 169, 170, 171, 179
教会国家　7
胸甲騎兵　52, 53, 124
郷土民兵隊　65
グスタフ，アドルフ　50, 52, 58, 73, 74, 94, 99, 101, 106, 119, 120, 123, 125
クラウゼヴィッツ　29, 160-162, 178, 179
クールトレー（戦い／会戦）　9
グレート・ハリー号　88
クロムウェル　94, 108
軍団　42, 63, 67, 145, 167-169, 172
啓蒙主義　94, 95, 128, 159

アレッサンドロ・バルベーロ（Alessandro Barbero）
1959年生まれ。東ピエモンテ大学文哲学部教授（中世史講座）。トリノ大学およびピサ高等師範学校卒業。ローマ大学講師、東ピエモンテ大学文哲学部准教授を経て現職。『カール大帝 ── ヨーロッパの父』(Laterza, 2000)、『決戦 ── ワーテルローの歴史』(同, 2003)、『祝別された戦争 ── 十字軍とジハード』(同, 2009)、『レパント ── 三大帝国の決戦』(同, 2010) ほか著書・論文等多数。テレビの歴史番組等でも活躍。ストレーザ賞、マンゾーニ章等を受賞した小説家としても著名。

西澤龍生（にしざわ　りゅうせい）
1928年東京生まれ。京都大学文学部卒業。筑波大学名誉教授。専攻は西洋史学。主要著書に『史の辺境にむけて ── 逆光のヨーロッパ』（未來社、1986年）、『スペイン ── 原型と喪失』（彩流社、1991年）。主要訳書にオルテガ・イ・ガセー『傍観者』（筑摩叢書、1973年）、同『沈黙と隠喩』（河出書房新社、1975年）、フランク・T.『ある亡命者の変身 ── ゼルフィ・G. 伝』（彩流社、1994年）、ワルター・F・オットー『ミューズ ── 舞踏と神話』（論創社、1998年）、ヴェルナー・ケーギ『ミシュレとグリム』（同、2004年）ほか多数。

石黒盛久（いしぐろ　もりひさ）
1963年、愛知県名古屋市に生まれる。筑波大学大学院博士課程歴史人類学研究科西洋史専攻課程修了。イタリア政府給費留学生としてフィレンツェ大学文哲学部に留学。専攻は西洋史学。博士（文学）。金沢大学教育学部助教授を経て、現在金沢大学人間社会人間社会研究域歴史言語文化学系教授。主要著訳書に『近世軍事史の震央 ── 人民の武装と皇帝の凱旋』（西澤龍生編、彩流社、1992年）、『マキアヴエッリ全集第６巻 ── 政治小論・書簡』（共訳、筑摩書房、2000年）、『マキアヴェッリとルネサンス国家 ── 言説・祝祭・権力』（風行社、2009年）、『戦略論体系⑬マキアヴェッリ』（芙蓉書房、2011年）など。

近世ヨーロッパ軍事史 ── ルネサンスからナポレオンまで
LA GUERRA IN EUROPA DAL RINASCIMENTO A NAPOLEONE

2014年２月25日　　初版第１刷発行
2020年10月１日　　初版第３刷発行

著　者　　アレッサンドロ・バルベーロ
監訳者　　西澤龍生
訳　者　　石黒盛久
発行者　　森下紀夫
発行所　　論 創 社
東京都千代田区神田神保町 2-23　北井ビル
tel. 03 (3264) 5254　fax. 03 (3264) 5232
振替口座 00160-1-155266
http://www.ronso.co.jp/
装　幀　　野村　浩
組　版　　中野浩輝
印刷・製本　中央精版印刷

ISBN978-4-8460-1293-9